Joachim Bublath

# Knoff hoff – Die neuen Experimente

Joachim Bublath

# Knoff hoff

## *Die neuen Experimente*

Wilhelm Heyne Verlag
München

Autor und Verlag möchten ausdrücklich darauf hinweisen, daß die in diesem Buch vorgestellten „Kunststücke“ nicht zur Nachahmung empfohlen sind.
Autor und Verlag übernehmen keine Haftung.


Umschlaggestaltung: Atelier Adolf Bachmann, Reischach
Titelfoto: Photo Library, D. Roberts.
Illustrationen: Johannes Fleischer, München
Bildrecherche: Margit Bandlow, München
Satz: KortSatz GmbH, München
Druck und Bindung: Offizin Andersen Nexö, Leipzig
Printed in Germany
ISBN 3-453-12924-5

# Inhalt

# Vorwort

„Knoff-hoff“ ist heute zu einem so fest etablierten Begriff geworden, daß man ihn schon nicht mehr – wie für das erste Buch gefordert – erklären oder etwa rechtfertigen muß. Wer Freude an klugen Ideen und ihrer geschickten Realisierung hat, für den ist die „Knoff-hoff“-Sammlung eine anregende Fundgrube.
Aber mit der Sendung im ZDF verfolgen wir ja nicht alleine das Ziel, Millionen Zuschauer nur angenehm zu unterhalten. Es ist auch unser Anliegen, Menschen, die nur wenig Kontakt zu naturwissenschaftlichen Experimenten haben, eine Einblick in die überraschend abwechslungsreiche Welt der naturwissenschaftlichen Forschung zu geben. Der Ideenreichtum, den die zahlreichen Wissenschaftler in der Welt aufbauen und ständig erweitern, zeigt, wie kreativ menschliches Denken sein kann. Zudem verändern die Ergebnisse der Forschung unser Leben. Grundsätzlich sollten sie unsere Lebensbedingungen verbessern, aber nicht immer gelingt das.
Um die Entwicklungen der Naturwissenschaften – vor allem der Technik – besser einschätzen zu können, ist zunächst einmal Wissen über die Techniken wichtig. Die „Knoff-hoff“-Experimente sollen den Einstieg in die oft schwer verständliche Welt der Naturwissenschaften erleichtern helfen. Sie werden diese Welt nicht auf Anhieb zugänglich machen, aber hier und da doch einen kleinen Schritt weiterhelfen. Vor allem sollen sie jedoch zum Spaß am Experimentieren beitragen – auch wenn dieser Spaß beim Lesen ‚nur‘ im Kopf stattfindet.

*München, im September 1997*
***Dr. Joachim Bublath***

# 1

# Überraschungen in der Mikrowelle

## *Das Kunststück:*

Die Mikrowelle wird ja von vielen Leuten benutzt, um schnell kleine Mengen Wasser und auch Speisen zu erwärmen. Die Mikrowelle schränkt zwar die Kochkunst ein, liefert jedoch die Voraussetzung für sehr verblüffende Experimente.

Wir stellen drei unterschiedlich lange Bleistiftminen in die Mikrowelle. Die Minen bestehen weitgehend aus Gra-

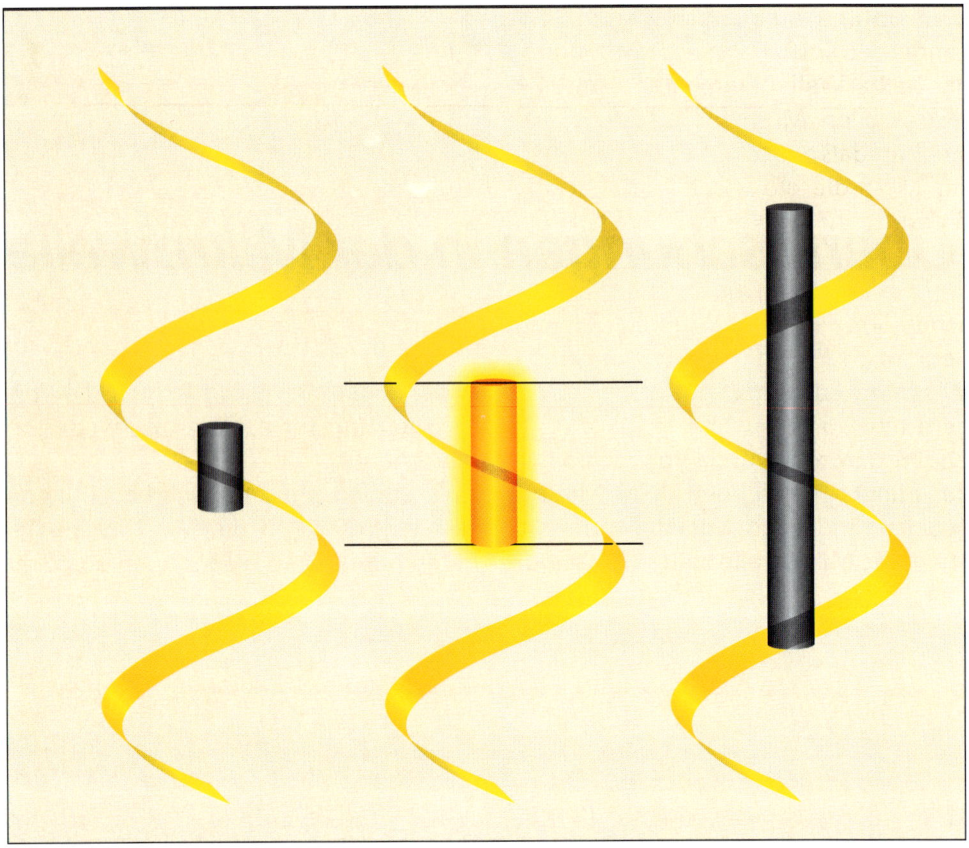

phit und stecken in einem Holzklotz. Wird die Mikrowelle angeschaltet, so passiert etwas Faszinierendes – plötzlich beginnt die mittlere Bleistiftmine zu leuchten. Obwohl alle drei Minen dem Mikrowellenfeld ausgesetzt sind, glüht nur eine von ihnen, die eine bestimmte Länge aufweist. Warum aber ist das Glühen von der Länge der Bleistiftmine abhängig?

## *Das knoff-hoff:*

Mikrowellen sind elektromagnetische Wellen, d. h. sie bestehen aus einem magnetischen sowie einem elektrischen Feld. Ihre Wellenlänge liegt im Zentimeterbereich, und damit finden sich die Mikrowellen im Grenzbereich zwischen der Radio- und Infrarotstrahlung. In der Welle wechselt die elektrische Feldstärke und damit auch die elektrische Spannung ständig. Vom Nullpunkt der Welle zum Maximum steigt die elektrische Spannung an, fällt im weiteren Verlauf auf Null zurück, und das wird im negativen Bereich weitergeführt. Treffen diese Wellen auf ein elektrisch leitendes Material, so bricht die Spannung zusammen, weil Elektronen hin- und herfließen und die Spannungsdifferenz ausgleichen – die Welle wird absorbiert. Graphit in den Bleistiftminen ist nichts anderes als Kohlenstoff, der ja elektrisch leitend ist. Nun ist die Länge der Bleistiftminen genau so bemessen, daß die Spannungsdifferenzen der in der Mikrowelle üblichen elektromagnetischen Wellen von der mittleren

Mine optimal ausgenutzt werden. Ihre Länge beträgt 5,5 cm – das ist genau die halbe Wellenlänge der benutzten Mikrowellen. Modellhaft ist dabei vorstellbar, daß zwischen den Enden dieser Mine die elektrische Spannungsdifferenz ihr Maximum erreicht. Die Elektronen fließen in dieser Mine optimal hin und her. Durch diesen elektrischen Strom entsteht Wärme. Deshalb beginnt die Bleistiftmine mit dieser bestimmten Länge zu glühen. Die längere und kürzere Mine erfüllen diese Bedingung nicht, deshalb funktioniert der Elektronentransport hier nicht so gut.
Mit diesem Experiment kann man übrigens prinzipiell die Wellenlänge der in dem Mikrowellengerät benutzten Wellen bestimmen. Die Länge der glühenden Bleistiftmine gibt die halbe Wellenlänge an.

## Tricks und Tips:

Man muß ja nicht unbedingt nur Speisen oder Wasser in der Mikrowelle aufwärmen. Das funktioniert übrigens auch nur, weil die Wassermoleküle kleine elektrische Dipole sind, die die Energie des elektrischen Feldes der Mikrowellen absorbieren und so in Bewegung gesetzt werden. Die Bewegung der Moleküle ist das, was wir Wärme nennen und auch so empfinden. Metall – einen elektrischen Leiter also – in die Mikrowelle zu bringen, ist nicht erwünscht. In jeder Gebrauchsanweisung ist das zu lesen, und schon metallbeschichtete Teller wie etwa Porzellan mit Goldrand lassen die Funken nur so sprühen.
Wir wagen das Experiment dennoch mit Stahlwolle. Der Bart dieses Weihnachtsmannes ist aus Stahlwolle und beginnt im Mikrowellenfeld sofort zu glühen. Auch hier bricht das elektrische Feld der Wellen – wie bei der Bleistiftmine – in dem elektrischen Leiter Stahlwolle zusammen – die so absorbierte Energie wird in Wärme umgewandelt.
Besondere Überraschungen bietet Seife, die man in die Mikrowelle legt.

Das in der Seife enthaltene Restwasser wird durch die aufgenommene Energie zu Dampf, und der bringt beim Ausdehnen die Seife zum Platzen und läßt sie aufschäumen. Gut zu sehen ist das bei dem daneben liegenden Schwamm, der in Seifenwasser getaucht wurde. Auch er schäumt regelrecht auf.

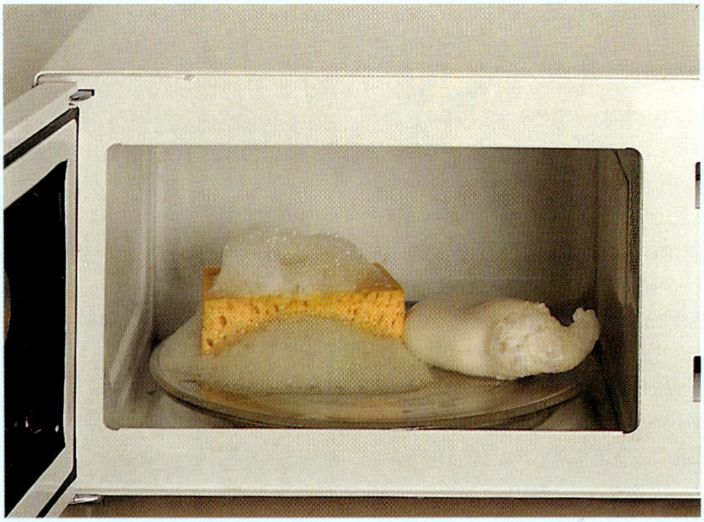

# 2

# *Schnelligkeit ist alles*

## *Das Kunststück:*

Beliebt ist der Trick, vier Eier in die darunter stehenden Gläser fallen zu lassen – ohne die Eier dabei zu berühren. Dazu muß man das Tablett, auf dem die Eier auf Pappröhren stehen, mit hoher Geschwindigkeit wegschlagen. Mit der entsprechenden Schlagkraft gelingt dieses Kunststück jedem. Das

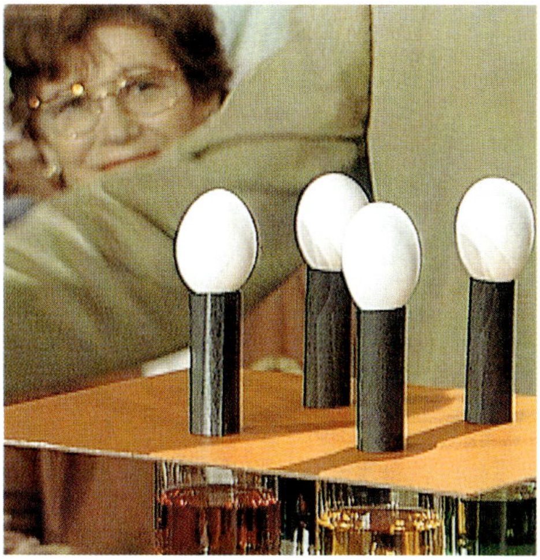

Tablett rutscht durch den kräftigen Schlag unter den Eiern hinweg. Die Eier verharren wegen der Trägheit für einen kurzen Augenblick in ihrer ursprünglichen Position und fallen – nachdem das Tablett den Weg frei gemacht hat – in die Gläser.

Anspruchsvoller in der Geschwindigkeit ist dieses Kunststück. Ein Mönch eines Shaolin-Klosters in China kann – nach einigen Minuten Meditation – mit einer Nähnadel eine Glasscheibe durchbohren – und das mit einem Schlag. Muß man dafür wirklich intensiv meditieren oder steckt dahinter nur simple Physik?

## *Das knoff-hoff:*

In der Bilderfolge kann man sehen, daß die Nadel tatsächlich die Glasscheibe durchschlägt. Ein Luftballon hinter der Scheibe wird dabei durchbohrt und zerplatzt. Der wichtige Faktor bei diesem Kunststück ist die Geschwindigkeit. Die Kraft wirkt deshalb in sehr kurzer Zeit auf die Glasscheibe ein und vergrößert so ihre Wirkung. In Verbindung mit der feinen Spitze der Nadel, die den Druck auf das Glas sehr hoch werden läßt, kann das Glas dann tatsächlich von der Nadel durchbrochen werden. Der Anteil der Meditation ist dabei wahrscheinlich nur zum Ansporn des Mönchs gedacht.

Durch die hohe Geschwindigkeit läßt sich auch ein Holzbrett mit einem Bleistift durchbohren. Dieses Kunst-

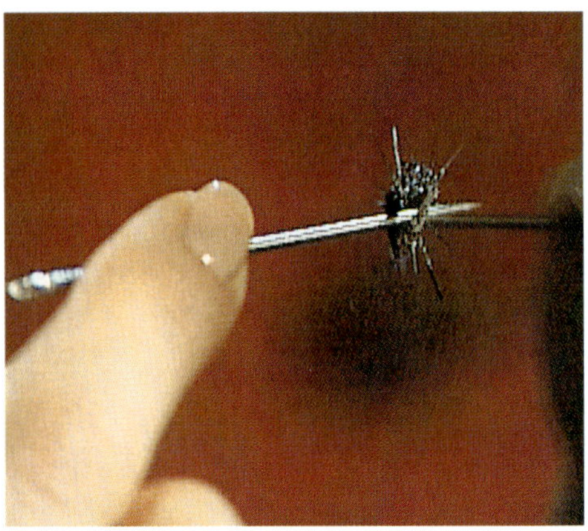

stück kann man mit einer Preßluftkanone vorführen. Auch hier ist der durch die hohe Geschwindigkeit resultierende starke Kraftstoß entscheidend, der große Kräfte in kleinen Zeitabschnitten wirken läßt. Durch die Schnelligkeit konzentriert sich die Energie in der Spitze des Bleistifts. Das Material hat keine Zeit, auszuweichen oder zu zerbrechen – die Spitze wird kurzzeitig hart wie Stahl.

## *Tricks und Tips:*

Mit der Geschwindigkeit läßt sich auch zeigen, daß man Holz auf recht ungewöhnliche Weise zerbrechen kann. Dazu werden an den Enden eines Holzstabes zwei Nägel eingeschlagen und der so präparierte Holzstab auf zwei Weingläser gelegt. Schlägt man nun schnell auf diesen Holzstab, so zerbricht er in der Mitte, ohne daß die Gläser beschädigt werden. Auch hier ist des Rätsels Lösung die Geschwindigkeit. Der Schlag erfolgt so schnell, daß die Kraft sich in der Mitte des Holzstabes konzentriert und den Stab brechen läßt. Die Kräfte haben keine Zeit, bis zu den Gläsern vorzudringen und lassen sie deshalb unbeschädigt. Wenn man das Foto genau betrachtet, so heben sich die Enden von den Gläsern ab. Allein die Trägkeit des Stabes läßt den

Schlag seine Wirkung entfalten. Ebenso könnte man den Stab auch hochwerfen und in der Luft zerschlagen. Alles muß nur sehr schnell gehen. Das ist auch die Erklärung für das Kunststück mit dem Paket. Es ist an einem Faden an der Decke befestigt – ein zweiter Faden führt vom Paket zum Boden. Zieht man langsam an dem Paket, so reißt die obere Schnur und das Paket fällt nach unten. Zieht man kurz und kräftig an der unteren Schnur, so reißt diese – das Paket bleibt an der Decke hängen. Auch hier ist das schnelle Einwirken der Kraft die Ursache dafür, daß sie nur auf die untere Schnur wirkt und gar nicht bis zu der oberen gelangt. Zieht man jedoch langsam, so wird die obere Schnur zweifach belastet. Einmal wirkt auf sie ja das Gewicht des Pakets, beim langsamen Ziehen kommt aber auch noch die Zugkraft hinzu. Sie hat ja jetzt Zeit, bis nach oben zu wirken. Will man also ein so trickreich aufgehängtes Paket zu sich herunterholen, muß man es langsam angehen lassen.

# 3

# Optische Täuschungen

## Das Kunststück:

Auf dieser Zeichnung ist ein Kreis einmal von kleinen Kreisen umgeben – und unten von größeren Kreisen. Der untere Kreis erscheint größer als der obere. Beim Nachmessen stellt man aber fest, daß beide Kreise gleich groß sind. In der rechten Zeichnung erscheinen uns die beiden

mittleren Kreise gleich groß, obwohl alle umgebenden Kreise dieselben Abmessungen haben wie auf der linken Zeichnung. Einen Unterschied gibt es allerdings. In der rechten Zeichnung besitzt der von den äußeren, größeren Kreisen umgebene Kreis auch einen etwas größeren Durchmesser. Nur deshalb erscheint er gleich groß. Ein verblüffende Täuschung!

## Das knoff-hoff

Es ist eine altbekannte Tatsache, daß man seinen Augen nicht trauen sollte. Bei der Verarbeitung der von den Augen aufgenommenen optischen Reize spielt das Gehirn die entscheidende Rolle. Es bringt Erfahrungen ein, Plau-

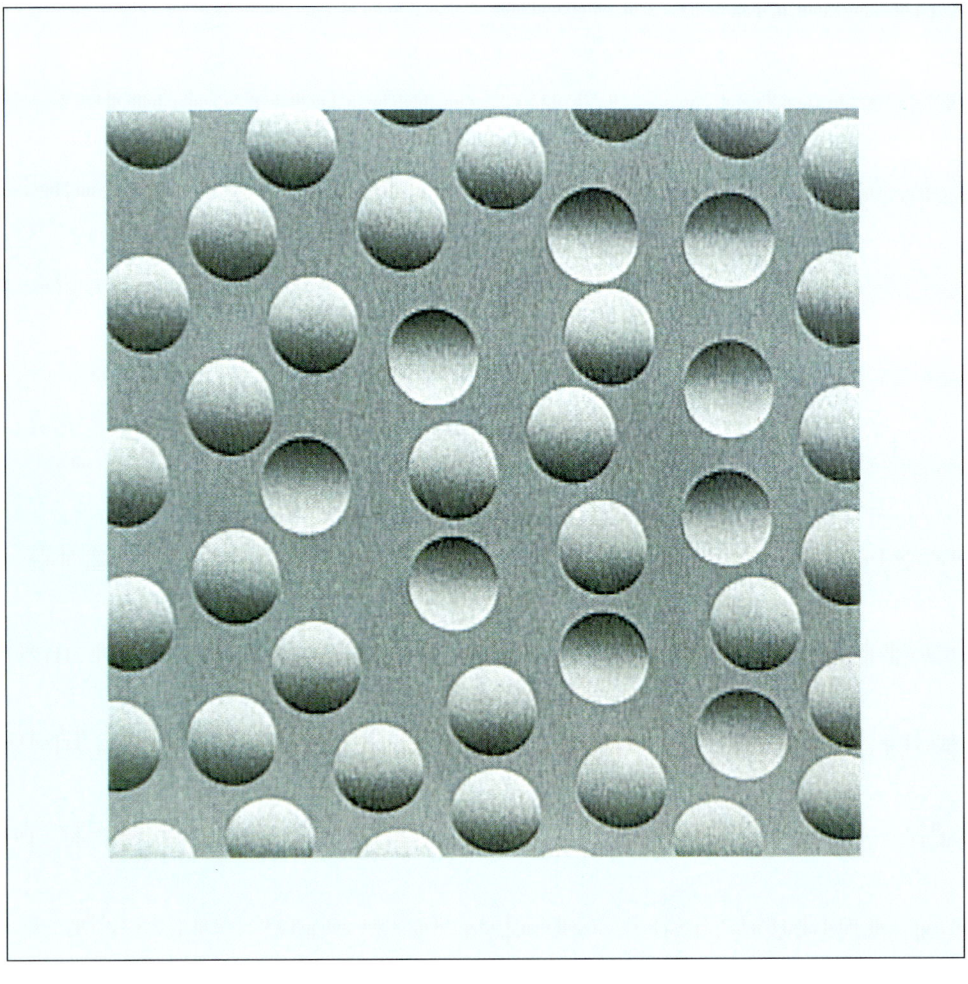

sibilitätsbetrachtungen – und das führt zu den berühmten optischen Täuschungen.
Diese optische Täuschung ist vielleicht nicht so bekannt. Die Punkte erscheinen – mit dem hellen Teil nach oben gerichtet – wie Kugeln, kehrt man das Bild um, so scheinen es Hohlformen zu sein. Was uns täuscht, ist die Erfahrung, daß das Licht – in der Urform die Sonne – eigentlich immer von einer Seite kommt, so interpretiert dann bevorzugt unser Gehirn auch das Gesehene.

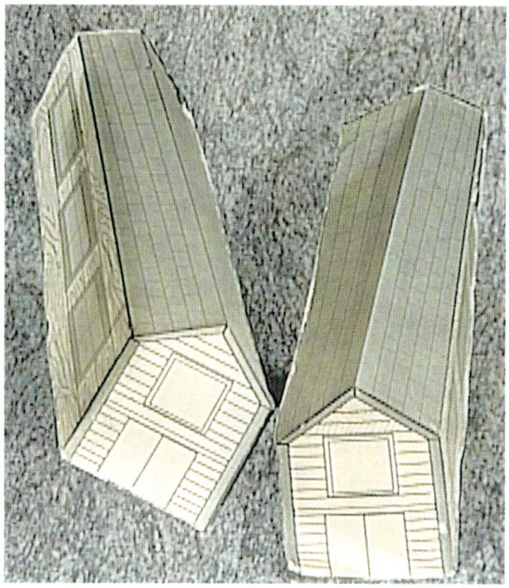

## *Tricks und Tips:*

Wenn es um dreidimensionales Sehen geht, scheint sich unser Auge-Gehirn-System leicht überlisten zu lassen. Diese Figuren sind alle Hohlformen. Betrachtet man sie unter einem bestimmten Winkel, erscheinen sie plötzlich als erhabene Häuser und Türme. Erneut läßt das Gehirn bei der Interpretation der gesehenen Formen die Erfahrung mitspielen – was zu Fehlschlüssen führen kann.
Und auch auf der nächsten Seite zeigt sich eine überraschende opti-

sche Täuschung: An den Kreuzungspunkten aller Quadrate befinden sich weiße Kreise. Aber für einen Augenblick glaubt man, in diesen Kreisen schwarze Punkte zu sehen. Schaut man genauer hin, so sind doch nur wieder weiße Kreise vorhanden. Offenbar das Ergebnis einer Überlagerung der Information von benachbarten Sehzellen.

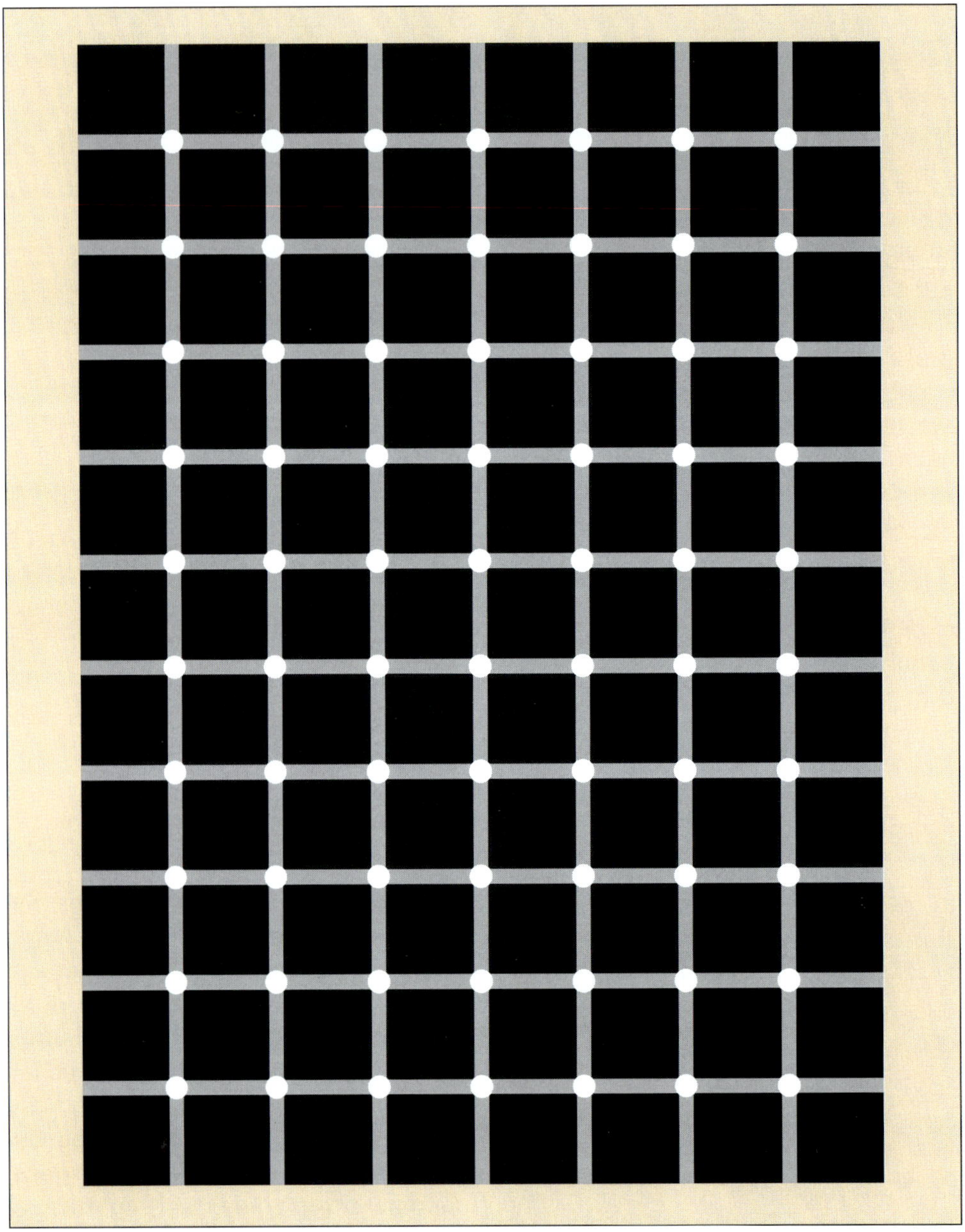

# 4

# Fernsehen mit Tiefe

## Das Kunststück:

Früher gab es Gemälde, die nicht nur ein Bild zeigten, sondern gleich mehrere. Der Trick dabei war, daß die Oberfläche des Bildes aus Rillen bestand. Die beiden Seiten der Rillen wurden mit jeweils einem Motiv bemalt, ebenso die Stirnseite. Im Vorbeigehen konnte der Betrachter so drei Bilder betrachten. Wenn nur Teile desselben Motivs auf den unterschiedlichen Seiten verändert werden, scheint sich beim Vorbeilaufen das Bild zu bewegen.
Auch heute gibt es solche verblüffenden Effekte, die allerdings eleganter konstruiert und dadurch undurchschaubarer sind. Fotos zeigen, je nach Betrachtungswinkel, ein Auge offen oder geschlossen. Und man kann auf flachen Fotos auch den Eindruck der Tiefe – der Dreidimensionalität – wiedergeben. Seit einiger Zeit funktioniert das auch bei Fernsehaufnahmen. Neben anderen Systemen gibt es auch das Rillensystem, das im Forschungslabor realisiert ist.

## Das knoff-hoff:

Wir können nur deshalb dreidimensional sehen, weil unsere beiden Augen einen Gegenstand auf einen Blick aus leicht unterschiedlichen Winkeln betrachten können und das Gehirn diese unterschiedlichen Bilder entsprechend verarbeitet. Wenn man also etwas dreidimensional abbilden will, so muß man die auseinanderstehenden Augen mit zwei Linsen simulieren. Spezi-

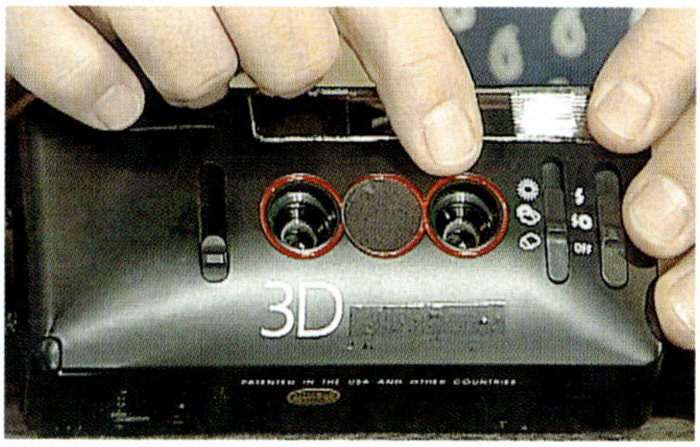


elle Fotoapparate arbeiten so. Beim Herstellen des Abzugs werden dann die perspektivisch leicht unterschiedlichen Bilder überlagert. Die Frage ist, wie beim Betrachten das rechte Auge herauslesen kann, was ihm zugedacht ist, und entsprechend das linke Auge nur sein Bild aus dem Bildgemisch herausfiltert. Die Systeme mit Brillen, die verschiedenfarbige Filter besitzen, sind bekannt, aber man kann auch mit der Rillenmethode die Dreidimensionalität erreichen.
Legt man über Farbstreifen eine Zylinderlinse – das ist nichts anderes als ein in Längsrichtung halbierter Glasstab – so sieht man mit dem linken Auge etwas anderes als mit dem rech-

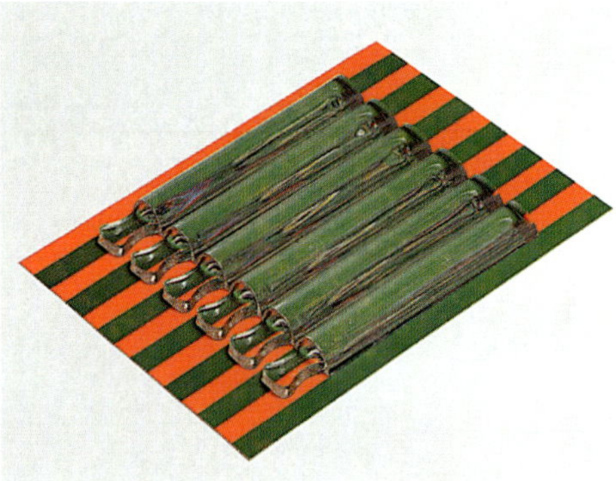

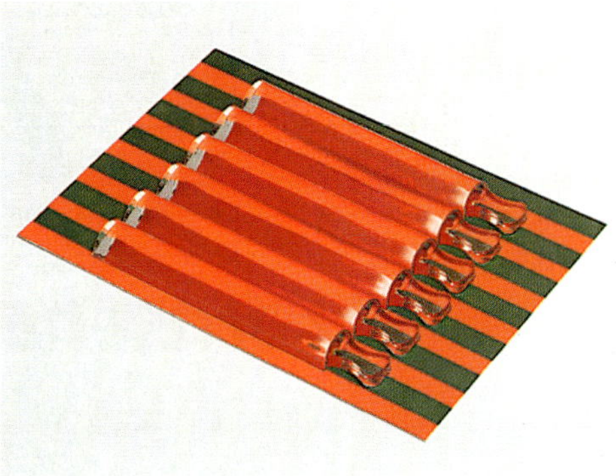

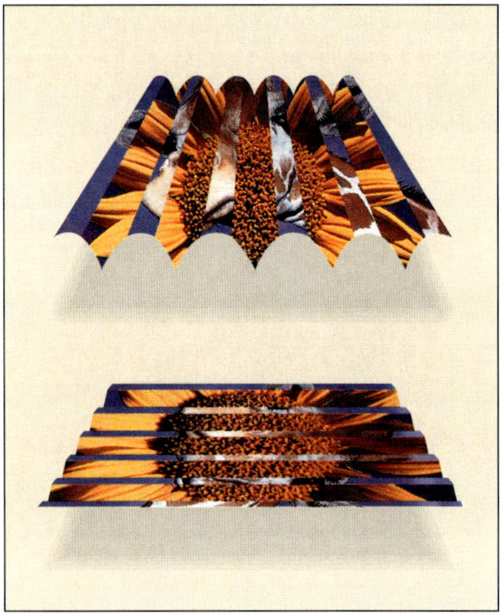

ten. Die Linse zeigt durch ihre Krümmung von links etwas anderes als von rechts. Die Streifen sind so gezeichnet, daß man mit dem linken Auge nur den roten und mit dem rechten nur den grünen Streifen sehen kann, wenn die Folie mit den Zylinderlinsen darüber liegt. Und das ist genau der Trick bei den Fotos: Die übereinander gelagerten Bilder werden – bei entsprechender Verschiebung – mit einer Folie, die aus lauter kleinen Streifen aus Zylinderlinsen besteht, für die Augen separiert. Dadurch erhält das Gehirn die Informationen von beiden Augen aus unterschiedlicher Perspektive und kann so den Eindruck der Tiefe entstehen lassen. Mit dieser Rillenfolie ist es auch möglich, die „Zwinkerfotos" mit einem Auge zu realisieren. Um beide Situationen sichtbar zu machen, muß man die Karte mit der Folie aus Zylinderlinsen nur entsprechend kippen.

## Tricks und Tips:

Auch Fernsehbilder können so behandelt werden. Dazu benötigt man auf der Aufnahmeseite selbstverständlich zwei Kameras, die die Rolle unserer Augen übernehmen und die Bilder, aus leicht unterschiedlichen Winkeln aufgenommen, liefern. Auf dem Bildschirm erscheint zunächst ein Gemisch aus beiden Bildern. Das Rillensystem auf dem Bildschirm erlaubt dann die optische Zuordnung für das rechte und linke Auge, so daß dreidimensionales Betrachten ohne Brille möglich ist. Übrigens ist das dreidimensionale Betrachtungssystem mit Brillen verbessert worden. Diese Brille besteht aus Lichtventilen, d. h. man kann das eine Brillenglas in Sekundenschnelle undurchsichtig oder durchlässig machen. Diese Einstellungen werden elektronisch gesteuert. Auf dem Bildschirm wird jeweils ein Bild von der linken und rechten Kamera

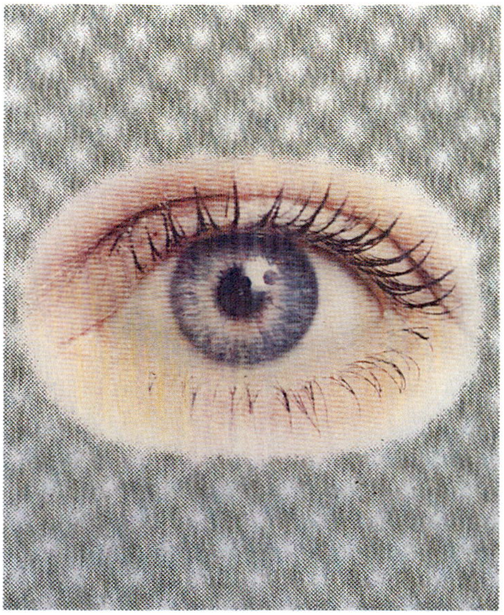

angeboten. Die Gläser schalten synchron auf durchlässig oder sie blockieren das Licht, so daß jeweils ein Auge die ihm zugedachten Informationen angeboten bekommt – und das in Sekundenbruchteilen. Der Blick durch die Brille fängt den Augenblick ein, in dem das linke Auge das Bild angeboten bekommt. Durch die Trägheit unserer Netzhaut kann das Gehirn dann die leicht verzögert folgenden Bilder zu einem dreidimensionalen zusammensetzen. Wichtig sind solche dreidimensionalen Bilder z. B. in der Medizin, wenn sich Ärzte anhand entsprechender Röntgenaufnahmen einen Überblick über eine Operationssituation verschaffen wollen.

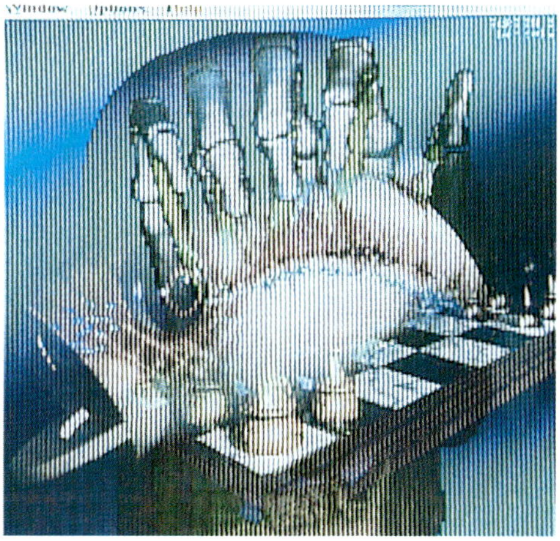

# 5

# Gebrochenes Licht

## Das Kunststück:

Will man einen Fisch unter Wasser treffen, dann bedarf das einer besonderen Vorbereitung. Mit diesem Rohr kann man genau auf den Fisch aus Stein am Boden zielen – so glaubt man zumindest. Denn getroffen wird von der durch die Röhre gleitenden Nadel nur der darunterschwebende Luftballon.

## Das knoff-hoff:

Lichtstrahlen werden im Wasser gebrochen: Beim Übergang von optisch dünneren (Luft) in optisch dichtere Medien (z. B. Wasser), kommt es zu Ablenkungen, die unsere Augen täuschen.

Nicht immer muß das von Nachteil sein. Optiker freuen sich über dieses Verhalten von Licht, weil dadurch die Konstruktion von Linsen möglich ist. Streulinsen z. B. zeigen eine hohle Form. Die Lichtstrahlen am Rande müssen einen längeren Weg durch das Glas – das optisch dichtere Medium – zurücklegen, werden dabei länger „abgebremst" und nach außen weggebeugt. In der Mitte dieser Hohllinse passiert das wegen der kürzeren Wegstrecke weniger stark. Sammellinsen dagegen sind anders geformt. Sie sind nach außen gewölbt. Hier müssen die Lichtstrahlen in der Mitte die längste Wegstrecke durch das optisch dichtere Medium zurücklegen. Die Form und die Krümmung der Linse entscheiden also über den Verlauf der Lichtstrahlen. Mit der entsprechenden Kombination läßt sich der gewünschte Verlauf der Lichtstrahlen erzwingen. Legt man die Sammellinse in die Hohllinse, so heben sich beide Effekte auf. Der entstehende Block besitzt eine ebene Oberfläche, und die Lichtstrahlen, die

senkrecht auf die glatte Fläche treffen, durchdringen das Glas geradlinig.

Für Brillenträger ist es wichtig, daß man den Weg des Lichtes gezielt beeinflussen kann. Werden vor das Augenmodell die entsprechenden Korrekturlinsen gesetzt, so bildet sich das F scharf auf dem Hintergrund ab.

Dieses Augenmodell zeigt auch, wie man mit der entsprechenden Krümmung der Linse eine Abbildung scharf stellen kann. Ist die Linse zu stark gekrümmt, so liegt der Brennpunkt vor der Abbildungsebene – der Netzhaut. Verringert sich die Krümmung, so kann dadurch der Brennpunkt direkt auf die Netzhaut gelegt werden. Normalerweise übernehmen die Augen-

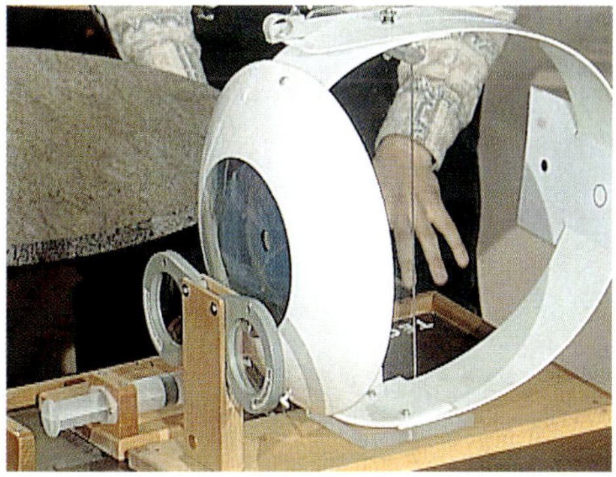

muskeln diese Aufgabe der Adaption. In diesem Modell jedoch pressen wir in die mit Wasser gefüllte Linse mehr oder weniger viel Wasser und verändern dadurch die Krümmung. Ein Erfinder will mit diesem Prinzip übrigens neue Brillen entwickeln. Sie bestehen aus mit Wasser gefüllten Plastiklinsen. Mit einer Spritze wird mehr oder weniger Wasser eingespritzt. Damit verstärkt oder vermindert sich die Krümmung der Plastiklinse und korrigiert so die Sehschärfe.

## *Tricks und Tips:*

Wie eine Linse die Wirklichkeit verzerren kann, zeigt dieses Foto. Diese Fresnel-Linse ist flach und besteht aus kleinen sägezahnartigen Erhebungen, die das Licht entsprechend brechen.

Auch in homogenen Flüssigkeiten kann man die Lichtbrechung erreichen. Eine Heizspirale erwärmt hier Wasser in einem kleinen Bereich. Schlieren sind zu sehen, ein Zeichen dafür, daß sich die optische Dichte verändert hat. Durch die Erwärmung dehnt sich das Wasser aus und wird deshalb auch für die Lichtstrahlen weniger dicht. An den Grenzflächen wurden dann die Lichtstrahlen entsprechend gebrochen.

Solches Wissen ist hilfreich, um herauszufinden, ob Bernstein gefälscht ist oder nicht. Besonders wertvoll sind beim Bernstein die Inklusionen – etwa eingeschlossene Insekten. Weil es nicht genügend solcher Stücke für

den Markt gibt, versuchen Fälscher, Abhilfe zu schaffen. Sie bohren in Naturbernstein ein Loch, legen eine tote Fliege hinein und verschließen alles mit einem entsprechend gefärbten Kunststoff. Aber – der Kunststoff besitzt nicht exakt dieselbe optische Dichte wie Bernstein. Deshalb ist bei genauerem Betrachten eine Grenzschicht – wie bei den Schlieren im Wasser – zu sehen und der Fälscher damit entlarvt.

# 6

## Die fliegende Rolle

### Das Kunststück:

Mit einer Papprolle läßt sich eigentlich nicht viel anfangen. Rollt sie vom Tisch, so fällt sie – wie erwartet – nach unten. Aber, auch unscheinbare Dinge sind interessanter, als man auf den ersten Blick denkt. Versetzt man die Papprröhre in schnelle Drehungen und läßt sie dann vom Tisch rollen, so steigt sie zunächst nach oben, um erst dann auf den Boden zu fallen. Die schnelle Drehung kann man bei kleinen Röhren auch mit dem Wegdrükken durch die Daumen erreichen. Bei größeren Modellen muß schon etwas mehr Aufwand für dieses Kunststück betrieben werden. An unserer Papprolle haben wir zwei Scheiben als Räder befestigt und ein Band um die Röhre gewickelt. Zieht man kurz an dem Band, so rotiert die Röhre sehr schnell um ihre eigene Achse und startet dann zu ihrem Flug durch das Studio. Warum hebt sich eine Papprröhre so einfach in die Lüfte? Haben etwa die Flugzeugbauer alles falsch gemacht?

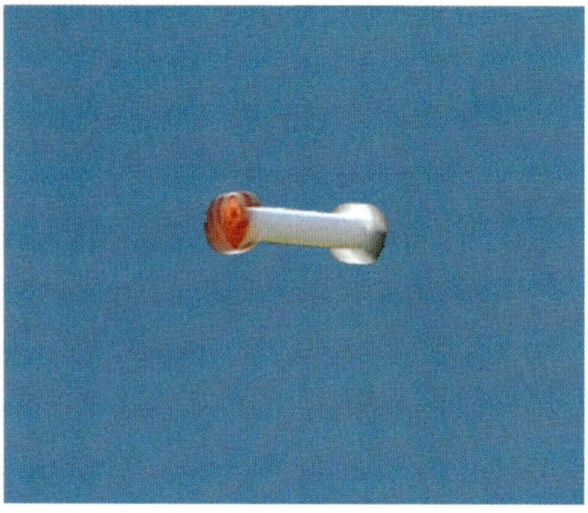

### Das knoff-hoff:

Nicht immer fliegt die Papprröhre nach oben! Wickelt man die Schnur andersherum auf, so dreht sich die Röhre in die andere Richtung und landet dadurch sogar schneller auf dem Boden. Dieses Experiment zeigt, daß offenbar die Rotation der Röhre der entscheidende Faktor ist. Durch das Abrollen der Schnur wird die Röhre auch nach vorne getrieben. Ober- und

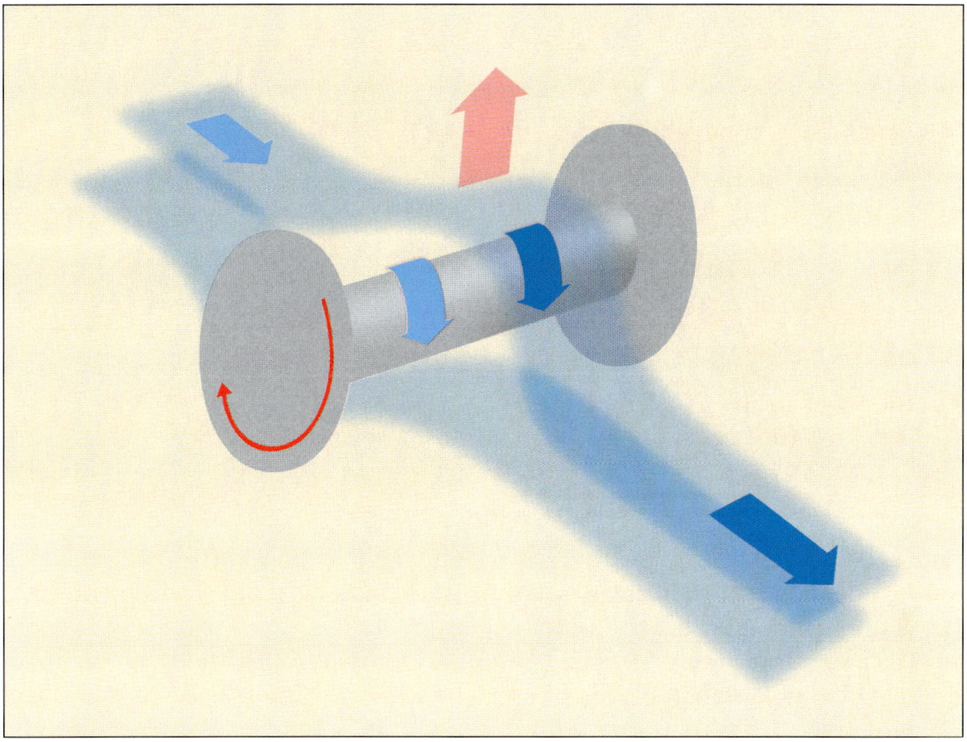

Unterseite werden gleichermaßen von der Luft – dem Gegenwind – umströmt. Zudem dreht sich die Röhre um ihre eigene Achse und nimmt dabei etwas Luft mit. Dadurch entsteht eine schnellere Luftströmung auf der einen Seite der Röhre. Bei der in der Grafik dargestellten Drehrichtung passiert das auf der Oberseite. Dreht sich dieser obere Teil mit der entgegenströmenden Luft, so beschleunigt sich hier die Strömung. An der Unterseite passiert das Gegenteil. Schnelle Luftströmungen haben in ihrer Umgebung einen Unterdruck zur Folge, so daß die Röhre nach oben gehoben wird.
Auch bei Flugzeugflügeln hebt die beim gebogenen Flügel oben schnellere Strömung das Flugzeug an. Diese schnelle Strömung erreicht man hier durch die Wölbung des Flügels. Die Wirkung solcher schnellen Strömungen können sie auch überprüfen, wenn sie zwischen zwei hängenden Papierblättern hindurchblasen. Die Papiere bewegen sich durch die schnelle Luftströmung aufeinander zu. Dadurch wiederum herrscht zwischen ihnen ein geringerer Druck als in der Umgebung.
Dreht sich unsere Röhre in umgekehrter Richtung, so entsteht dieser geringere Druck an der Unterseite – die Röhre „fällt" dadurch schneller nach unten – sie wird regelrecht nach unten gedrückt. Bei diesem Kunststück kommt es entscheidend auf die Drehrichtung an.

## Tricks und Tips:

Die schnellen Luftströmungen mit ihrem Unterdruck lassen auch andere Kunststücke zu. Will man einen Tischtennisball von einem Eierbecher in ei-

nen anderen befördern, so muß nur kräftig über den Ball geblasen werden. Die dadurch schnell strömende Luft erzeugt einen Unterdruck – die umgebende Luft drückt den Ball nach oben, er wird vom Luftstrom mitgerissen und fällt in den anderen Eierbecher. Übrigens, die rotierende Pappröhre kann auch in der Technik angewendet werden. Das Experiment mit dem Wagen auf der Schiene zeigt wie. Bläst man die aufrecht stehende Röhre mit

einem Ventilator an, so passiert zunächst nichts. Ein Elektromotor kann jedoch die Röhre zum Rotieren bringen. Bläst man jetzt mit dem Ventilator Luft an die sich drehende Röhre, so bewegt sich der Wagen nach vorne – gegen den Wind. Auch hier gibt es durch die Rotation der Röhre an den Seiten zwei verschieden schnelle Luftströmungen. Die schnellere erzeugt einen Unterdruck, die den Wagen nach vorne zieht.
Dieser Magnus-Effekt – so wird er nach seinem Entdecker genannt – sollte auch technisch angewandt werden. In den zwanziger Jahren unseres Jahrhunderts wurde ein Schiff konstruiert, das statt Segel zwei senkrecht stehende, rotierende Metallröhren besaß. Die Röhren drehten sich so, daß beim Fahren auf der einen Seite ein Vorwärtssog entstand. Die rotierenden Metallzylinder ersetzten so die Segel. Dieser Antrieb – Flettner-Rotoren nach ihrem Erfinder genannt – konnte sich jedoch nicht durchsetzen. In einer Fotomontage zeigt unser Knoff-hoff-

Professor, wie man die rotierende Rolle auch zum Fliegen benutzen kann – theoretisch zumindest.
Fußballspieler benutzen diese Rotation instinktiv, um ihren Flanken eine überraschende Bahn zu geben. So ist es möglich, den Ball von der Eckfahne ins Tor zu „zirkeln“ oder bei einem

Freistoß die gegnerische Mauer mit einer „Bananenflanke" zu umkurven. Auch hier wird der Ball durch entsprechendes „Anschneiden" beim Schuß in Rotation versetzt. Die Seite, die mit der entgegenkommenden Luftströmung rotiert, erzeugt einen leichten Unterdruck. Denn dort strömt die vom rotierenden Ball mitgenommene Luft mit der entgegenkommenden Luft und wird dadurch schneller.

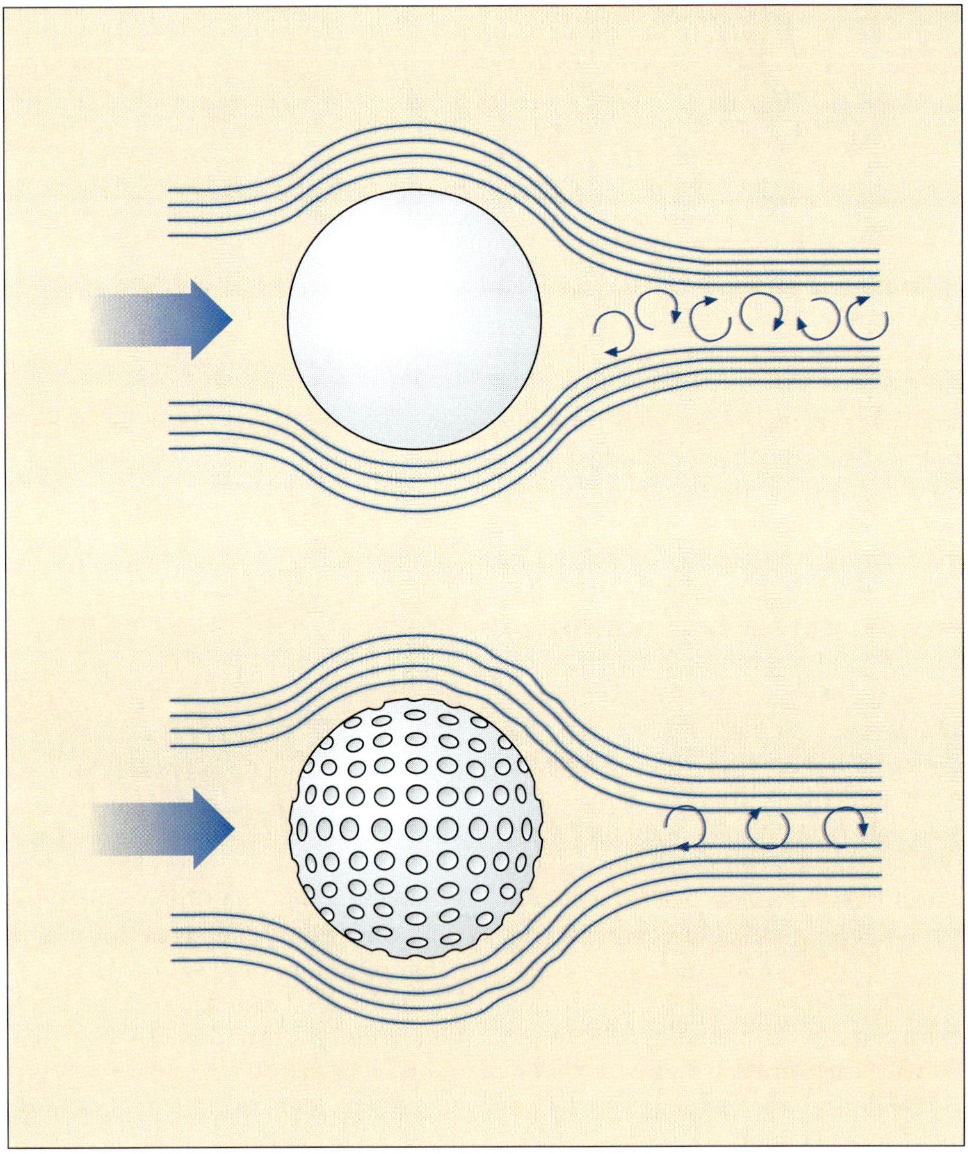

Beim Golfspielen hat man diesen Effekt sogar noch verstärkt. Im 16. Jahrhundert war der Golfball noch aus glattem Holz gedrechselt. Später benutzte man Gummi und brachte kleine Vertiefungen auf der Oberfläche an. Läßt man mit einem speziellen Schlag den Golfball rotieren, so nehmen diese Grübchen weit mehr Luft mit als ein glatter Ball. Der Flugeffekt wird dadurch, wie in den oben geschilderten Beispielen, verstärkt. In etwa 9000 Umdrehungen pro Minute kann man den Golfball versetzen. Mit den Vertiefungen bleibt er einige Sekunden länger in der Luft und gewinnt dadurch bis zu 30 m mehr an Distanz. Diesen Effekt will man noch verbessern. Ein Spezialball etwa besitzt diese Vertiefungen nur in einem breiten Streifen in der Mitte, an den »Seiten« bleibt er glatt. Der Flugeffekt des Golfballes wird durch die Grübchen im mittleren Bereich verstärkt. An den glatten Seiten bietet dieser Ball jedoch weniger Luftwiderstand, so daß er noch weiter fliegen kann. Vertiefungen an den Seiten würden sowieso nicht zum Schweben beitragen. Damit die Technik das Golfspielen aber nicht noch weiter dominiert, hat man diese Bälle im Regelwerk verboten. So ist die technische Weiterentwicklung der Golfbälle zunächst einmal gestoppt.

Die Grübchen auf dem Golfball haben aber noch einen zweiten Effekt – sie sollen den Luftwiderstand des fliegenden Balles verringern. Hinter dem fliegenden Ball entsteht eine Wirbelzone. Diese Luftwirbel kosten Energie, denn sie müssen ja zunächst einmal erzeugt werden. Mit den Grübchen ist diese Wirbelzone meistens schmaler – weniger Wirbel entstehen und die gesparte Energie kann der Golfball zum weiteren Flug einsetzen.

Beim Motorradfahren bietet man mit dem Motorradhelm der Luft ja – ähnlich wie ein Golfball – auch einen Widerstand. Fährt man schnell, so ist das anstrengend, denn die umströmende Luft belastet die Halsmuskulatur. Dieser Motorradhelm soll diese Belastung abmildern. Durch die Grübchen wird die Wirbelzone hinter dem Helm kleiner als ohne Vertiefungen. Weniger Wirbel bedeutet, weniger Energie in die Luft hineinstecken, um sie zu bewegen. Dadurch verringert sich der Luftwiderstand – zur Freude des schnellen Fahrers.

# 7

# Was den Samen fliegen läßt

## Das Kunststück:

Die Natur offenbart uns Tag für Tag geniale Erfindungen. Ein Beispiel ist diese Kürbis-Frucht aus Südostasien. Wenn die Frucht reif ist, trocknet sie aus. Übrig bleibt eine Kugel mit einer harten Schale. Sie ist als Schutz für das zarte und wertvolle Innere gedacht, in dem sich große Samen befinden, die aus hautdünnen Flächen bestehen. In der Mitte ist der eigentliche fruchtbare Teil plaziert. Läßt man diese ovalen Scheiben fallen, so beginnen sie zu fliegen – und zwar erstaunlich weit. Das ist eine sinnvolle Strategie, denn

wenn sich der Samen von der Mutterpflanze entfernt, muß er nicht mit ihr in Konkurrenz treten und kann sich in Ruhe entwickeln.

## Das knoff-hoff:

Das, was uns die Natur hier vormacht, können wir ausnahmsweise auch nachbauen – im Prinzip jedenfalls. Aus einem nierenförmigen Hartschaum-Block schneiden wir dünne Scheiben ab. Das gelingt mit einem glühenden Draht, der die Scheiben abschmilzt. Ein Klebeband, in der Mitte angebracht, läßt unseren künstlichen Samen eindrucksvoll durch das Studio schweben. Durch das Klebeband neigt sich der Samenflügel etwas nach unten. Die Luft strömt deshalb über die obere Fläche schneller als auf der Unterseite. Wie bei einem Flugzeugflügel entsteht deshalb an der Oberseite ein Unterdruck, der den Flügel in der Luft hält. Beim echten Exemplar übernimmt das in der Mitte untergebrachte Samenkorn die Funktion des Klebebandes. Eine wahrhaft geniale Erfindung der Natur.

## Tricks und Tips:

Wie man den von der schnellen Luftströmung erzeugten Unterdruck ausnutzen kann, zeigt auch dieses Kunststück. Es lassen sich sogar Flüssigkeiten anheben. Eine Röhre taucht hier in gefärbtes Wasser. Bläst man mit dem Strohhalm über die Röhre, so hebt sich der Wasserspiegel, erreicht das obere Ende und wird zusätzlich von dem Luftstrom in feine Tröpfchen zersprüht. Eine Möglichkeit für ein einfaches Spray. Der über die Röhrenöffnung streichende Luftstrom erzeugt einen Unterdruck. Der äußere Luftdruck preßt auf den Flüssigkeitsspiegel im Glas – die Flüssigkeit im Inneren der Röhre steigt nach oben.

Klebt man zwei Strohhalme geschickt zusammen, so sind noch mehr Kunststücke mit der schnellen Luftströmung möglich. Ein Faden wird durch diesen Strohhalm mit der Y-förmigen Abzweigung geführt. Bläst man jetzt Luft durch den Strohhalm, so beginnt sich der Faden zu drehen und bildet beim

Rotieren einen Kreis. Auch hier entsteht durch die schnelle Luftströmung an der Gabelung des Strohhalms ein Unterdruck. Der Faden wird dadurch angezogen und immer weiter durch die Röhre getrieben.
Wer alles etwas größer will, kann sich das mit diesen Röhren und einem Gebläse nachbauen. Damit sind auch dicke Stricke in Drehung zu versetzen.

Dieser durch schnelle Luftströmungen entstehende Unterdruck ist vor allem beim Fliegen wichtig. Auf dem Bild ist zunächst links eine solche schnelle Strömung zu sehen. Streicht sie wirbelfrei über die Oberseite der Flügel, so hebt der Unterdruck das Flugzeug in die Luft. „Überzieht" der Pilot jedoch sein Flugzeug – stellt er es zu steil in die Luft –, so reißt die Strömung ab. Wirbel entstehen, der Auftrieb geht verloren, und das Flugzeug stürzt ab. Die Entwicklung dieser Situation ist in den beiden untenstehenden Bildern gut zu verfolgen.

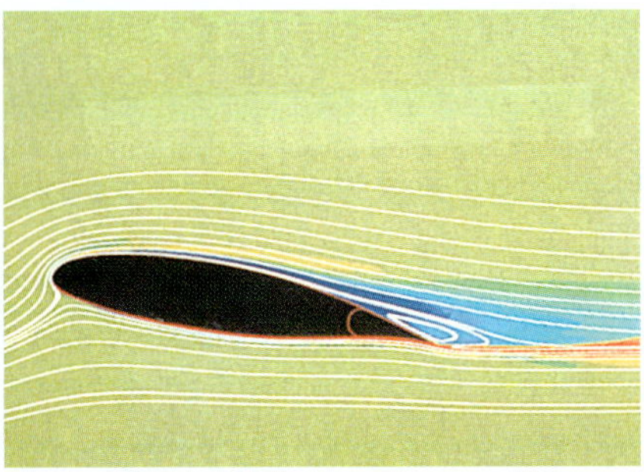

***Mit zunehmendem Anstellwinkel beginnt die Ablösung der Luftströmung***

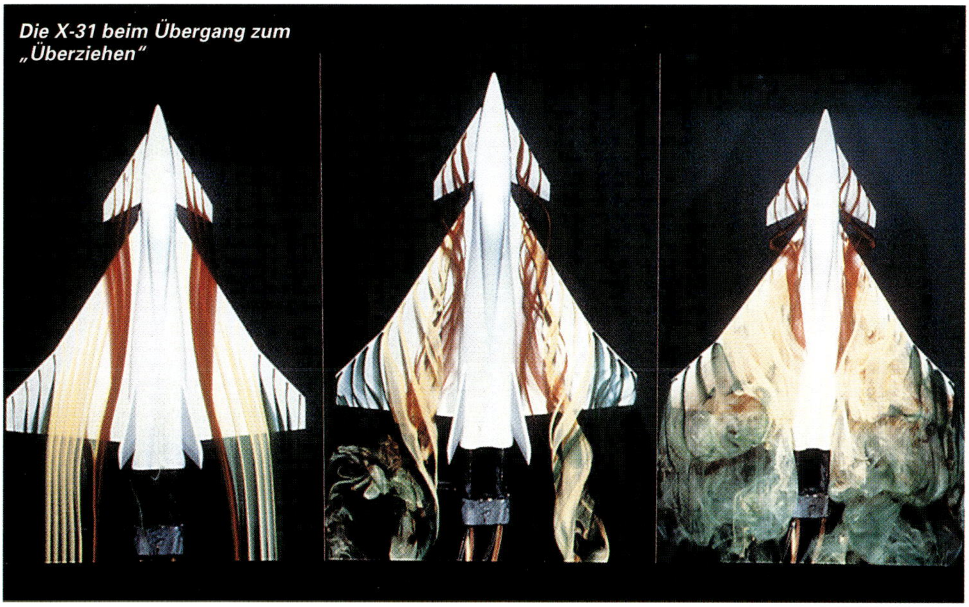

*Die X-31 beim Übergang zum „Überziehen“*

Je wirbelärmer außerdem die Strömung über den Flugzeugflügel bei Normalbetrieb ist, um so weniger Treibstoff wird verbrannt. Deshalb versucht man heute auch mit Flugzeugflügeln zu arbeiten, die sich der augenblicklichen Situation anpassen. Sensoren nehmen Daten auf, ein Computer errechnet daraus die optimale Flügelstellung bei der augenblicklichen Geschwindigkeit und Flughöhe und steuert die intelligente Klappe im Flügel, die sich je nach Bedingungen bei Start, Landung oder während des

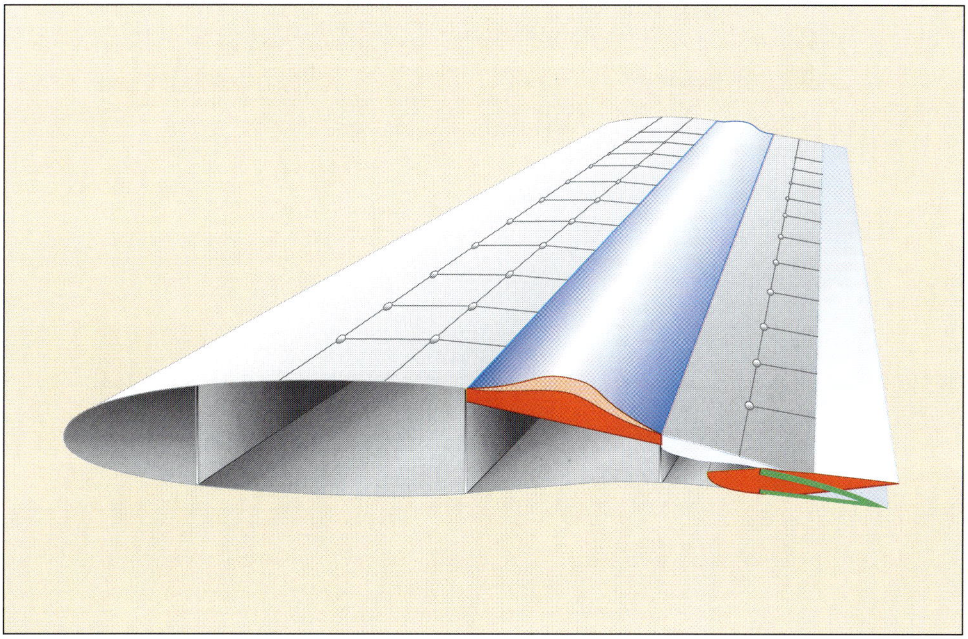

Flugs verändert. Sie wird mehr oder weniger weit ausgefahren oder steiler gestellt. Zudem erlaubt das Aufbringen einer dünnen Folie mit Sägezahnprofil auf dem Flügel die Optimierung der glatten Strömung, die Flugzeuge in der Luft hält. Bei glatter Oberfläche haftet die Grenzschicht zu stark an der Flugzeugoberfläche. Dadurch erhöht sich der Luftwiderstand. Diese Grenzschicht kann man durch die mikroskopisch aufgerauhte Sägezahnschicht zerstören – dann gleitet die Luft besser ab. Zur Zeit wird mit unterschiedlichen Rillenbreiten und -tiefen experimentiert.

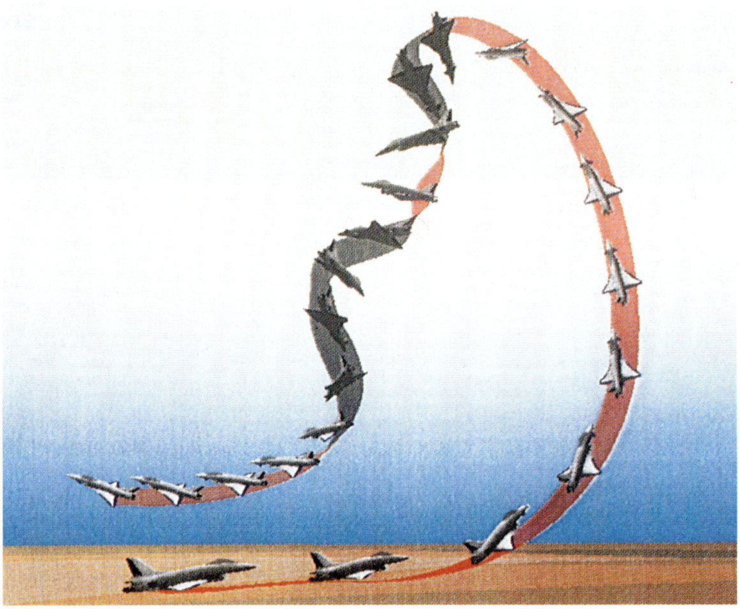

***Laminarer Strömungsverlauf, der bei zunehmendem Anstellwinkel in eine Wirbelströmung übergeht.***

# 8

## Die verrückte Boje

### *Das Kunststück:*

Diese Boje schwimmt ohne Probleme auf dem Wasser. Dafür ist sie auch konstruiert, denn sie soll ja für Schiffskapitäne sichtbar sein. Die Boje ist hohl, mit Luft gefüllt und unten offen. Die eingeschlossene Luft gibt der Boje den nötigen Auftrieb. Außerdem hält eine Kette die Boje an ihrem Platz. Füllt man nun mehr Wasser in den Behälter, so reicht die Länge der Kette nicht mehr aus, die Boje noch über der Wasseroberfläche zu halten. Sie schwebt jetzt unter Wasser. Das ist an der straff gespannten Kette gut zu erkennen. Füllt man noch mehr Wasser in den Behälter, so sinkt die Boje plötzlich auf den Boden.

## Das knoff-hoff:

Die nach unten offene Boje schwimmt durch die Luftblase im Hohlraum. Selbstverständlich übt auch das Wasser Druck auf diese Luftblase aus. Steigt der Wasserspiegel, so steigt auch der Druck des Wassers, und dieser Druck preßt die Luft immer weiter zusammen. Gase lassen sich – anders als Flüssigkeiten – zusammenpressen. Schließlich wird die Luftblase durch den Druck des steigenden Wasserspiegels so klein, daß der Auftrieb für die Boje nicht mehr ausreicht und sie zu Boden sinkt. Dieser Effekt ist sogar gewünscht, denn bei Hochwasser könnten knapp unter der Wasseroberfläche schwimmende Bojen ein Hindernis für Schiffe bilden. Mit dieser Konstruktion räumt sich die Boje selbst aus dem Weg.

## Tricks und Tips:

Nach dem gleichen Prinzip funktioniert übrigens auch der Flaschenteufel. Er besitzt in seinem Inneren eine Luftblase und steht über ein Loch in der Glaswand mit dem Wasser in Verbindung. Übt man mit dem Daumen Druck auf das Wasser aus, so wird die Luftblase zusammengedrückt, mehr Wasser dringt in den Flaschenteufel ein, er wird dadurch schwerer und sinkt nach unten. Einen einfachen Taucher kann man sich leicht mit einem umgestülpten Aromafläschchen selbst bauen.

Auch Unterwasserhäuser sind nach diesem Prinzip konstruiert. Dieses Haus steht in der Karibik und ist aus Beton gebaut. Unten ist es offen. Besuchen Taucher dieses Haus, so lassen sie Luft aus Preßluftflaschen in das Haus strömen, bis der Druck dem

äußeren Wasserdruck gleich ist. Diese Luftblase benutzen dann Forscher, um einige Tage im Unterwasserhaus zu leben. Allerdings müssen sie immer wieder den Sauerstoff zum Atmen ersetzen – denn der wird verbraucht und verbindet sich zu Kohlendioxid. Das Leben unter dem starken Luftdruck, der ja der Wassertiefe entspricht, ist recht beschwerlich. So klingt die Stimme in der zusammengepreßten Luft ungewohnt, und das Einatmen fällt schwerer. Sicher kein angenehmer Aufenthaltsort. Übrigens, die ersten Taucher haben auch nach diesem Prinzip gearbeitet. Eine Tauchglocke wurde mit einer Luftblase gefüllt und in die Tiefe gelassen. Auch hier machte sich der hohe Druck der zusammengedrückten Luft bemerkbar.

# 9

# *Knackende Knöchel*

## *Das Kunststück:*

Wenn es einem langweilig wird, kommt man auf allerlei Gedanken. Es gibt Menschen, die können mit ihren Fingern regelrecht Töne erzeugen. Nicht etwa durch Fingerschnippen oder Klatschen, sondern indem sie kurz und heftig an den Fingern ziehen und dadurch die Gelenke knacken lassen. Viele können dieses Geräusch nicht ertragen – aber wie kommt es überhaupt zustande?

## *Das knoff-hoff:*

Klar ist, daß die Bänder und Sehnen, mit denen die Fingerknochen verbunden sind, auseinandergezogen werden. In den Gelenkkapseln befindet sich eine zähe Flüssigkeit. Der Raum zwischen den Fingerknöcheln vergrößert sich durch das Auseinanderziehen, dadurch entsteht ein Unterdruck. Man vermutet, daß dadurch mehr Gelenkflüssigkeit in diesen Hohlraum hineingezogen wird und das

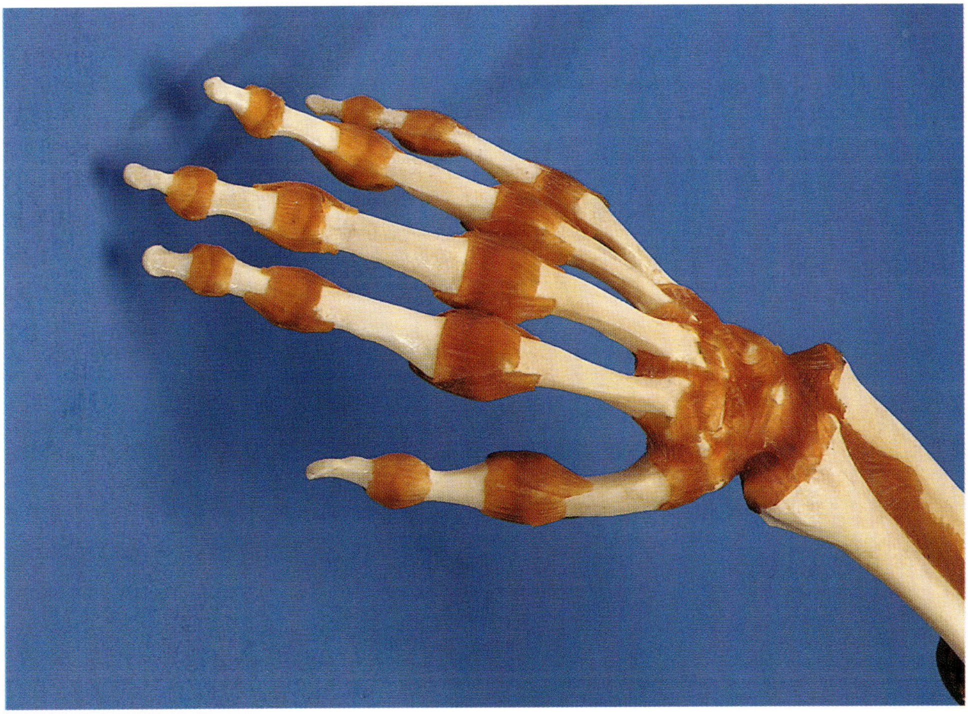

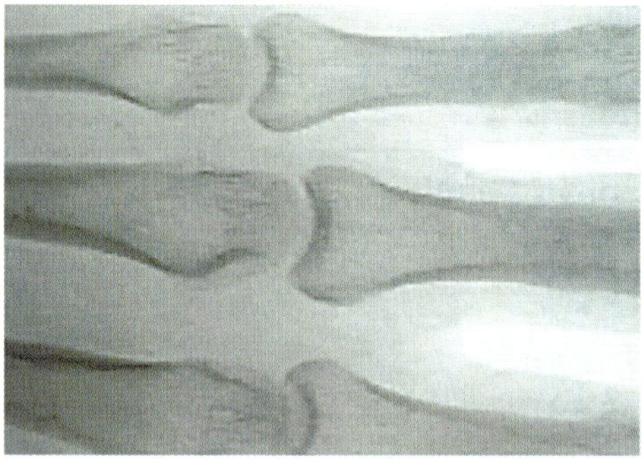

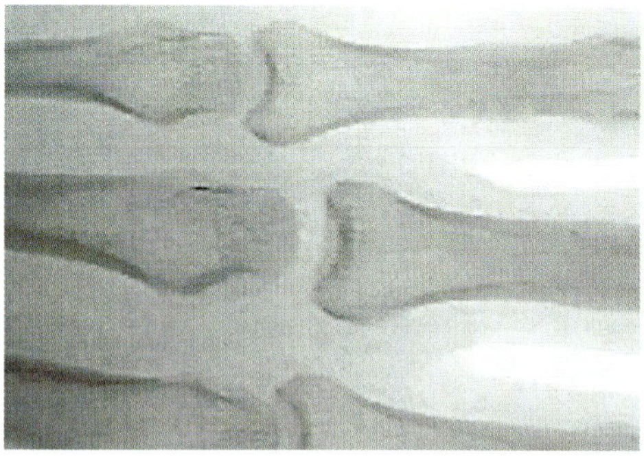

zum Geräusch des Fingerknackens beiträgt. Letzte Sicherheit über diesen Vorgang kann auch eine Röntgenaufnahme nicht geben – möglicherweise sind an dem Geräusch auch die Gelenkbänder beteiligt, die beim Auseinanderziehen an den Knorpel klatschen.

## Tricks und Tips:

Die Wirkung des plötzlich entstehenden Unterdrucks läßt sich auch an anderen Experimenten zeigen. Öffnet man eine Sektflasche sehr schnell, so entspannen sich die Gasbläschen plötzlich, werden größer, und der Sekt sprudelt heraus. Das hat letztendlich keine großen Konsequenzen, außer vielleicht, daß die Tischdecke naß wird. Aber auch beim Tauchen kann etwas Vergleichbares geschehen. Wenn man in die Tiefe taucht, so steigt der Wasserdruck. Das ist mit einem Luftballon gut zu demonstrieren. Dicht unter der Wasseroberfläche ist er noch voll aufgepumpt, taucht man

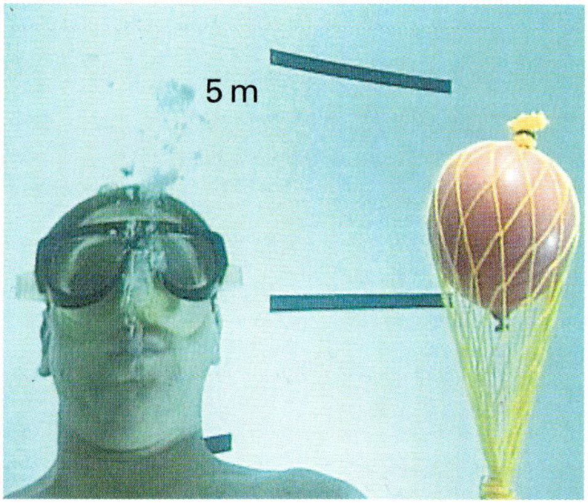


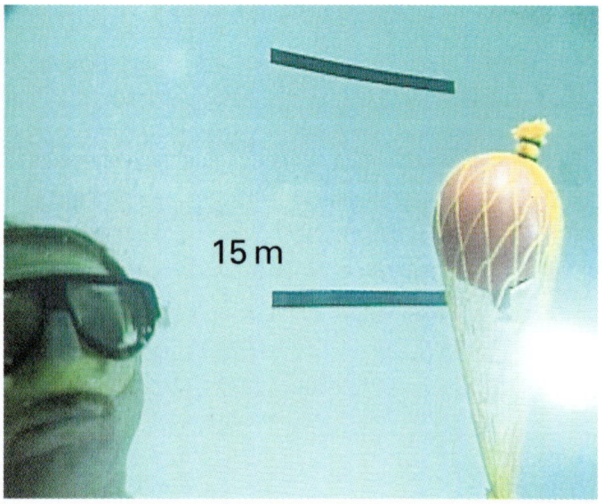

tiefer, so wird die Luft in dem Ballon wegen des steigenden Drucks zusammengepreßt. Beim Auftauchen – also bei abnehmendem Druck – gewinnt der Ballon seine ursprüngliche Größe zurück. Genau dasselbe geschieht mit den Gasbläschen in unserem Blut. Tauchen wir tief hinab, so wird mehr Gas im Blut gelöst. Taucht man schnell auf, so entstehen im Blut Gasbläschen – wie bei einer sprudelnden Sektflasche. Beim Auftauchen nimmt ja der äußere Wasserdruck entsprechend ab.

Unter einer Vakuumglocke läßt sich das mit Sekt simulieren. Mit abnehmendem Druck schäumt der Sekt auf. Diese Gasbläschen im Blut sind gefährlich, denn sie können die Durchblutung in den Adern blockieren und es kann zu einer Embolie kommen. Um das zu vermeiden, muß man langsam auftauchen und in bestimmten Tiefen länger verweilen. Eine Tabelle gibt diese Auftauchwerte an.

Ist das Unglück einmal geschehen, so rettet nur noch eine Überdruckkammer. Sie simuliert den Wasserdruck. Dadurch lösen sich die Gasbläschen im Blut wieder, und der Patient wird durch langsam nachlassenden Druck an unseren atmosphärischen Druck gewöhnt. Heute gibt es viele mobile Kammern, die es erlauben, vor Ort diesen lebensnotwendigen Überdruck aufzubauen.

Aber auch über Wasser kann uns ein plötzlich auftretender Unterdruck einen bösen Streich spielen. Erzählt wird immer wieder die Geschichte von der Einweihung eines Tunnels. Die Ehrengäste hatten sich unter der Erde versammelt und tüchtig Sekt getrunken. Die Fahrstühle waren bereits eingeweiht, und so gelangte man sehr schnell wieder an die Oberfläche. Dort – so die Geschichte – sprudelte plötzlich der Sekt wieder aus den Mägen der Festgäste heraus. Warum? Nun, unten im Tunnel ist der Luftdruck

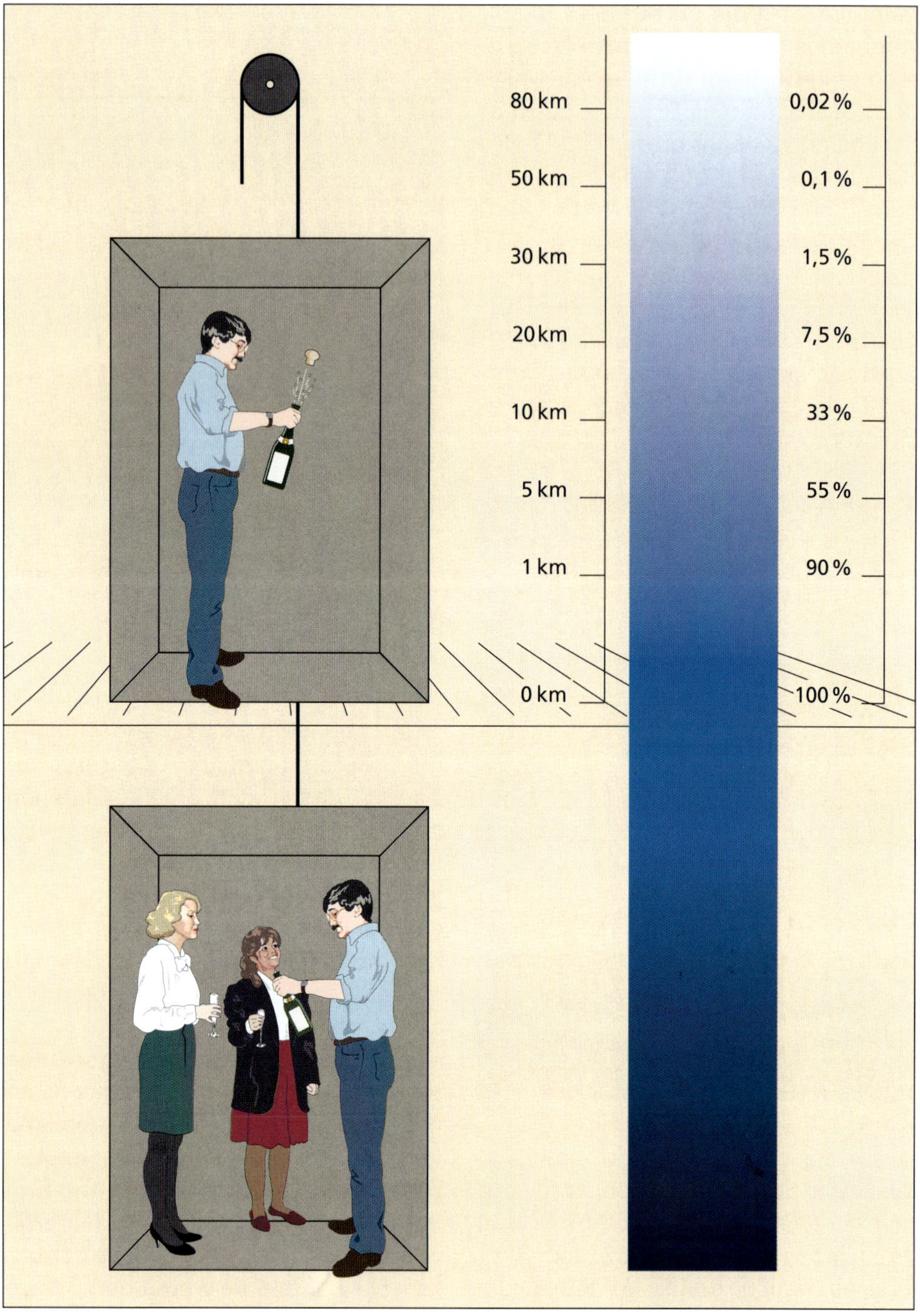


höher als an der Erdoberfläche, und in der Tiefe lastet mehr Luft auf einer Person. Die Gasbläschen im Sekt waren also sehr klein gehalten. Beim plötzlichen Aufstieg konnten sich die Gasblasen vergrößern, weil der Luftdruck geringer wurde, und das soll das Heraussprudeln verursacht haben. Eine schöne Geschichte – aber der Tunnel müßte schon sehr tief gelegen sein.

# 10

## Zaubern mit Unterdruck

### Das Kunststück:

Im Biergarten kursieren immer wieder Geschichten über ungewöhnliche Kunststücke. Eines davon ist dieses: Ein Bierdeckel wird mit einem Glasrohr durchbohrt. Auf dem Tisch steht ein fast randvoll mit Wasser gefülltes Glas. Bei uns ist das Wasser grün gefärbt. Der Bierdeckel mit dem Glasrohr wird darauf gelegt, dann wird ein mit klarem Wasser leicht gefülltes zweites Glas darübergestülpt. Nach einiger Zeit steigt plötzlich das grüne Wasser von unten durch die Glasröhre nach oben und tröpfelt in das darübergestülpte Glas. Das sieht wie Zauberei aus.

### Das knoff-hoff:

Das Wasser aus dem oberen Glas sickert langsam durch den Bierdeckel nach unten. Dadurch entsteht in diesem Glas ein Unterdruck. Es fehlt dort ja Wasser, und der Bierdeckel zwischen den beiden Gläsern schließt den Innenraum hermetisch ab, so daß keine Luft von außen eindringen kann. Im unteren Glas herrscht Normaldruck, der sich durch das durchsickernde Wasser sogar noch erhöht. Deshalb wird das grüne Wasser durch die Röhre von unten nach oben gedrückt.

### Tricks und Tips:

Mit dem Unterdruck kann man auch noch andere Kunststücke zeigen. In dem unteren Glas befindet sich eine brennende Kerze. Das Glas wird mit einem Filz abgedeckt, der in der Mitte ein Loch hat. Stülpt man jetzt ein zweites Glas darüber, so verlöscht die

Kerze, beide Gläser sind miteinander verklebt und lassen sich in einem Stück nach oben heben. Die Erklärung liegt auf der Hand: Durch die Kerzenflammen dehnt sich die Luft aus und drängt nach außen. Verlöscht die Kerze wegen Sauerstoffmangels, so kühlt die Luft in den Gläsern ab und zieht sich zusammen. Die herausgepreßte Luft fehlt jetzt – es ist ein Unterdruck entstanden. Der stärkere äußere Luftdruck preßt deshalb die Gläser fest zusammen, der Filz sorgt dabei für den luftdichten Abschluß.

# 11

# *Wie Flüssigkeiten gehoben werden*

## *Das Kunststück:*

Jeder kennt den Trick, wie man Flüssigkeiten umfüllt. Man nimmt einen Schlauch, saugt die Flüssigkeit hoch, und dann läuft sie in ein daneben stehendes Gefäß. Flüssigkeiten besitzen durch ihre molekularen Kräfte einen engen Zusammenhalt. Hat man sie durch das Ansaugen über den höchsten Punkt hinweggehoben, dann fallen sie in dem Schlauch nach unten und ziehen den Rest mit sich. Weniger schön bei dieser Methode ist nur, daß beim Ansaugen etwas in den Mund kommt – wenn es nicht gerade Wein ist, kann das sehr unangenehm schmecken.

Abhilfe schafft dabei dieses fast geniale Gerät. In die hohle Kugel ragt die Rohrleitung hinein. Die Kugel ist leer, besitzt jedoch ein Loch, damit die Flüssigkeit eindringen kann. In der Röhre befindet sich ebenfalls ein kleines Loch. Tunkt man nun die Kugel mehrmals in die Flüssigkeit, dann steigt

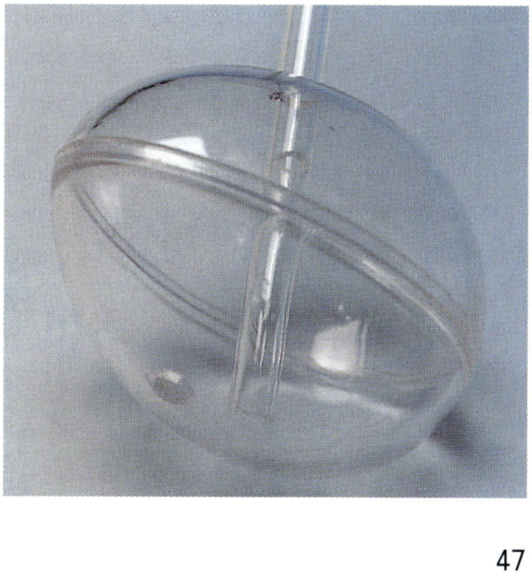

diese nach oben und fließt in den anderen Behälter. Wieso kann man hier auf das Ansaugen verzichten?

## Das knoff-hoff:

Das Wasser dringt beim Eintauchen in die Hohlkugel. Dadurch baut sich im Inneren ein Überdruck der Luft auf, der sich nur über das Loch in der Röhre abbauen kann. Die Luft entweicht durch die Röhre und reißt dabei Flüssigkeit mit sich. Beim wiederholten Eintauchen dringen so Luftblasen mit dem Wasser in der Röhre nach oben. Die Luftblasen machen die Wassersäule in der Röhre leichter, und die läßt sich deshalb einfacher nach oben schieben. An der oberen Krümmung fällt das Wasser in der Röhre nach unten – die Luftblasen werden auseinander gezogen. Der dadurch entstehende Unterdruck zieht das Wasser weiter nach, bis der Zustand wie beim Ansaugen durch einen Schlauch erreicht ist.

Es gibt eine noch einfachere Konstruktion, die ähnlich arbeitet. In einer Metallhülse befindet sich eine Metallkugel. Durch kräftiges Schütteln in der Flüssigkeit steigt das Wasser in dem Schlauch nach oben. Die Kugel wirkt dabei wie ein Ventil und drückt das Wasser portionsweise nach oben.

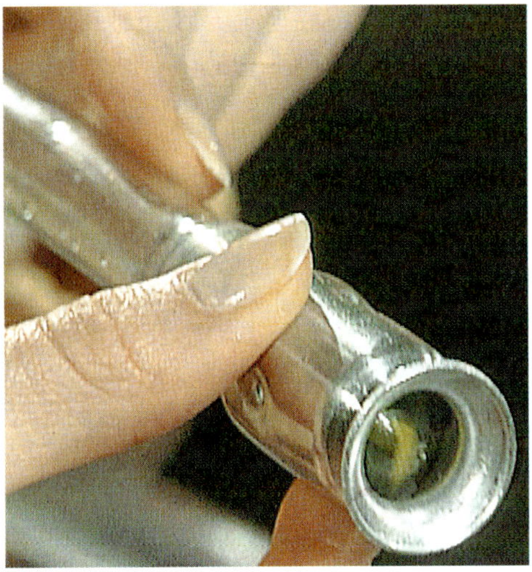

## *Tricks und Tips:*

Wasser kann man auch auf andere Weise hochsteigen lassen. Diese Glasröhre verengt sich vorne. Hält man sie

in kochendes Wasser, dringt etwas heißes Wasser ein. Dann verschließt man die hintere Öffnung mit dem Daumen. Beim Herausnehmen bleibt deshalb etwas heißes Wasser in der Röhre. Kippt man sie um, dann spritzt das Wasser plötzlich weit weg. Die Erklärung: Beim Zurücklaufen in der Röhre trifft das heiße Wasser auf die verbliebene Luft. Die dehnt sich dadurch plötzlich aus und drückt dabei das Wasser heraus.

Man kann auch ein gebogenes, feuerfestes Röhrchen mit einem Gummipfropfen verschließen, der wiederum von einer Röhre durchbohrt ist. Er-

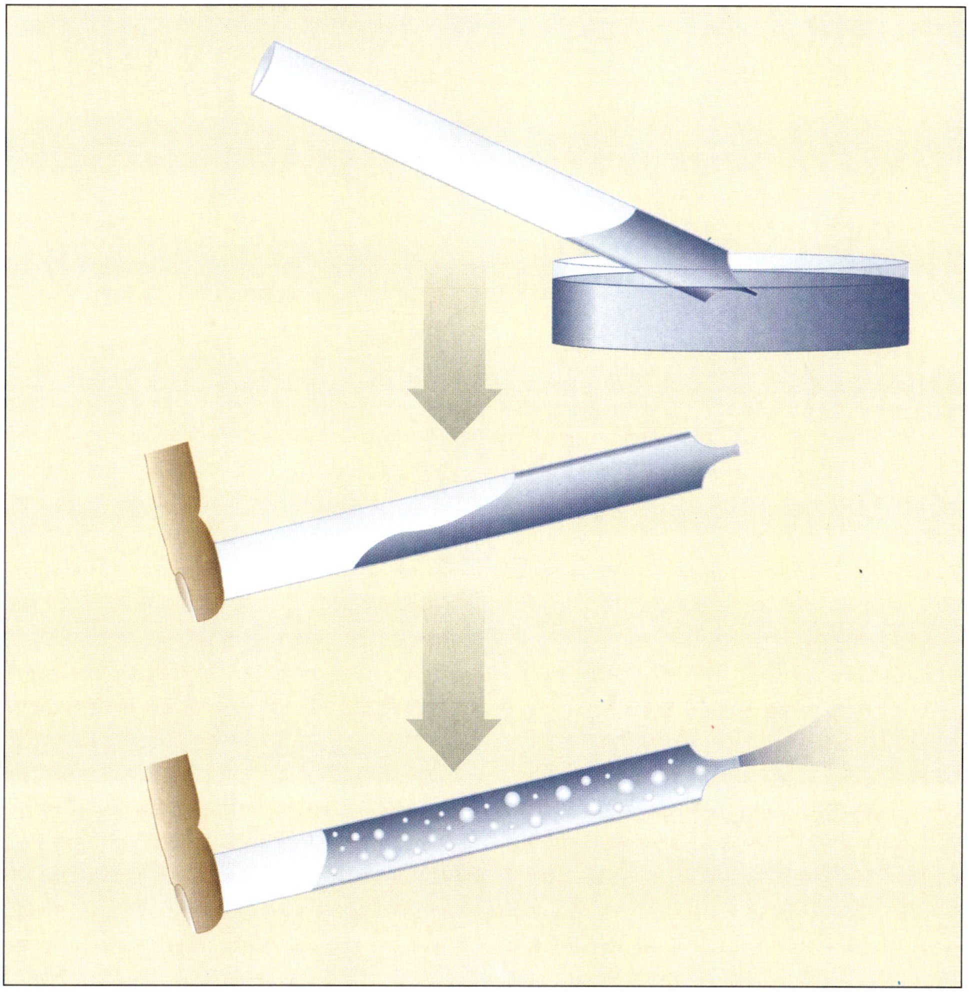

hitzt man das Röhrchen, so spritzt das Wasser heraus, weil sich die Luft ausdehnt.
Auch in der Natur kann man solche Wasserausbrüche beobachten – bei Geysiren. Im Erdinneren wird Wasser erhitzt und schießt in mehr oder weniger regelmäßigen Abständen nach oben. Diese Situation kann man als Experiment nachbauen. In einem Glasgefäß wird Wasser erhitzt – die Flasche ist mit einem Pfropfen verschlossen, durch den eine lange Glasröhre führt. In die Glasröhre wird kaltes Wasser gefüllt. Hat das Wasser im Gefäß seinen Siedepunkt erreicht, bilden sich Dampfblasen. Sie können sich aber nicht ungehindert entfalten, weil sie durch die darüberliegende Wassersäule zusammengedrückt werden. Nach einiger Zeit steigen einzelne Blasen in der Wassersäule auf. Dadurch wird das Gewicht der Säule geringer. Das ist der Augenblick, in dem es die Dampfblasen in der Flasche leichter haben und sich plötzlich ausdehnen können. Das geschieht explosionsartig, dabei drücken sie die Wassersäule aus dem Rohr heraus – ein Geysir für den Hausgebrauch entsteht. Für einen weiteren Ausbruch muß man wieder Wasser in die Röhre füllen. In der Natur

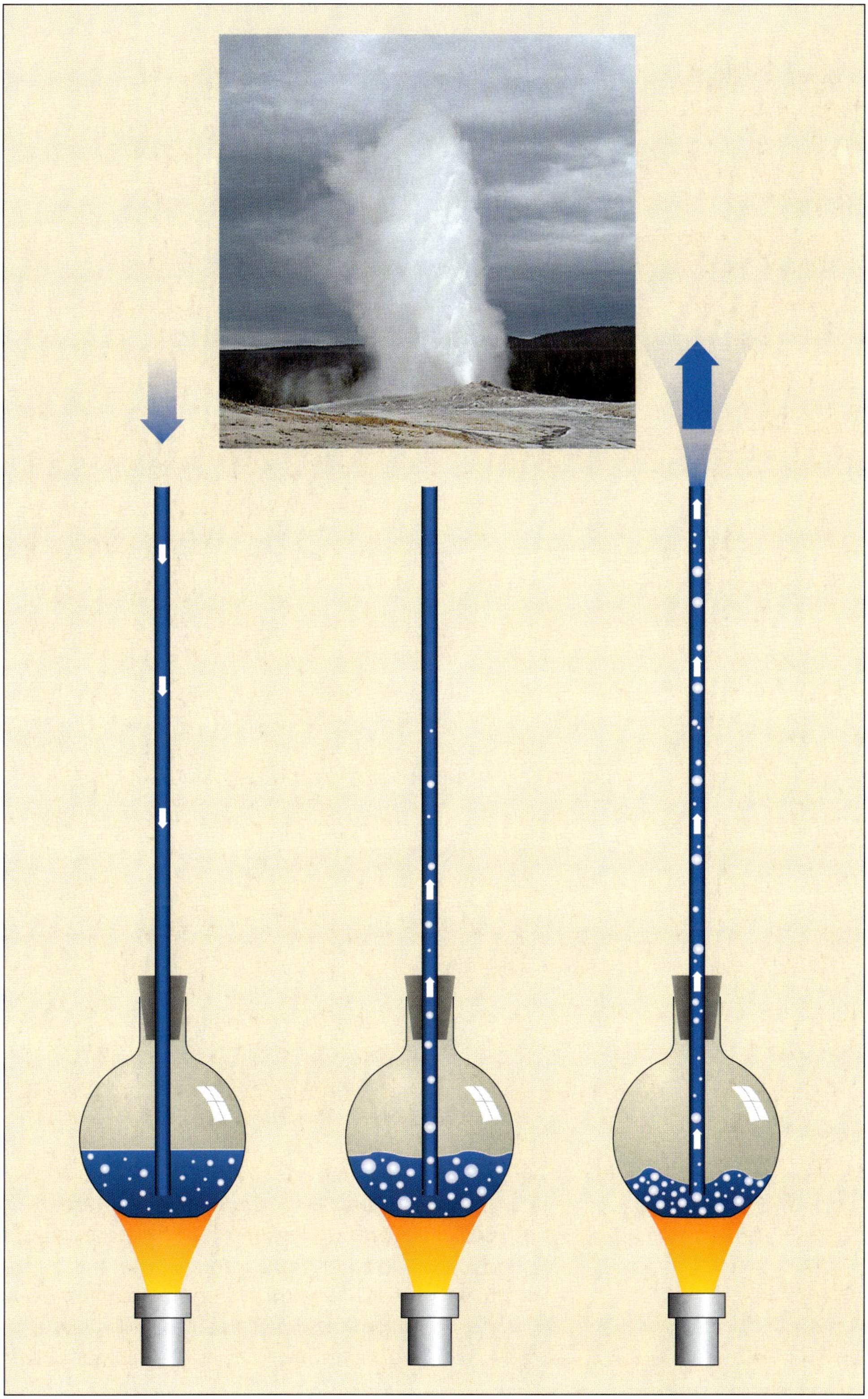

geschieht das automatisch durch einlaufendes Grundwasser in den geothermisch erwärmten Schacht. Ist der Wasserzufluß relativ konstant, erfolgen die Ausbrüche sehr regelmäßig. Beispiele dafür sind der Old Faithful im Yellowstone-Park/USA und der Strokkur in Island.

# 12

# Atmen, aber wie?

## Das Kunststück:

Wenn ausprobiert wird, wie hoch man eine Flüssigkeit in einem Strohhalm saugen kann, dann kommt es zu einer Überraschung. Wir haben extra eine hohe Leiter ins Studio gestellt, um genügend Höhe für dieses Experiment zu gewinnen. Aber, schon nach 6 m war es nicht mehr möglich – auch für gut trainierte Leute –, die Flüssigkeit höher zu saugen. Was ist die Ursache dafür?

## Das knoff-hoff:

Wir atmen, indem wir unser Zwerchfell anspannen und unseren Brustkorb ausdehnen, dadurch kommt es zu einer Volumenvergrößerung. Es entsteht ein Unterdruck, die äußere Luft wird so in die Lungen gesaugt. Beim Saugen benutzen wir, mehr oder weniger perfekt, im Prinzip dieselbe Technik – und können auch gar nichts anderes anbieten, da wir vom äußeren Luftdruck abhängig sind. Saugen wir etwas nach oben, so bilden wir ein mehr oder weniger gutes Vakuum. Der äußere Luftdruck schiebt die Flüssigkeit in den Strohhalm hinein. Die Größe dieses Luftdrucks ist aber begrenzt. Die Luftsäule über uns hat eine Höhe von 10 km und damit ein vorgegebenes Gewicht. Selbst wenn wir ein noch so gutes Vakuum anbieten könnten, wären nur 10 m maximal zu erreichen. Weil die Technik des Saugens von den unterschiedlichen Menschen ebenso verschieden beherrscht wird, erreicht man in der Praxis nur etwa 6 m.

## Tricks und Tips:

Eine Quecksilbersäule wird im Vakuum bei Normaldruck um 760 mm hochgedrückt. Das zeigt auch dieses Experiment. Die Röhre endet in einem Gefäß, das man mit einer Vakuum-

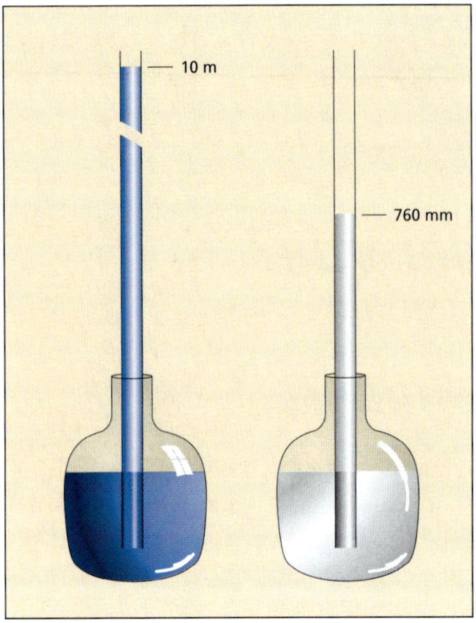


pumpe evakuieren kann. Stellt man die Pumpe an, so steigt die Quecksilbersäule bis zu dem Wert von 760 mm. Denn im kleineren Glasgefäß herrscht der normale Luftdruck, der das Quecksilber nach oben preßt. Durch Tief- oder Hochdruckzonen ändert sich der atmosphärische Druck – damit variiert die Höhe der Quecksilbersäule, und deshalb kann man danach versuchen, das Wetter vorherzusagen.

Wegen des äußeren Luftdrucks ist auch dieses Kunststück möglich. Das Glas wird mit dem gefärbten Wasser in das Becken gestürzt. Das Wasser bleibt im Glas „stehen", weil der Luftdruck auf die Wasseroberfläche drückt. Der äußere Luftdruck ist auch die Ursache dafür, warum man nicht beliebig tief mit einem Schnorchel tauchen kann. Schon bei 1 m Tauchtiefe reicht er nicht aus, um einen vernünftigen Luftaustausch zu ermöglichen. Die ausgeatmete Luft läßt sich nicht herauspressen.

Unsere Atemluft genügt aber, um eine Person in die Höhe zu heben. Hier ist ein Müllsack mit Strohhalmen durchbohrt und luftdicht verschlossen worden. Bläst man den Müllsack auf, so hebt sich das Brett mit Babette. Weil

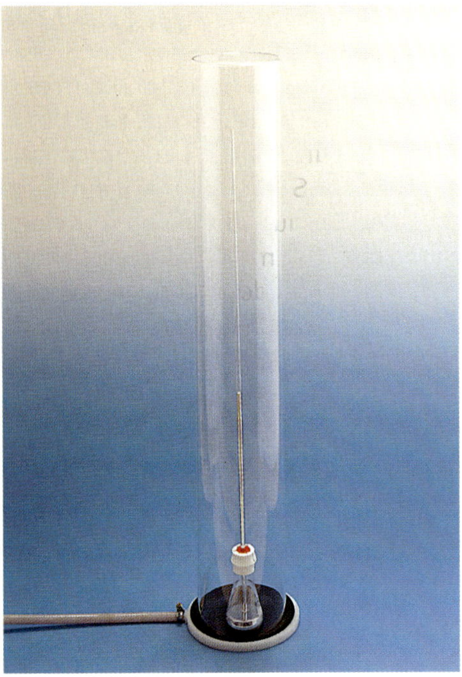

die Auflagefläche relativ groß ist, reicht der Atemdruck aus, um die entsprechende Kraft zum Heben aufzuwenden. Diese Kraft ist das Produkt aus Fläche mal Druck. Bei großer Fläche kann der Druck relativ klein sein, um eine große Kraft zu erzwingen. Hydraulische Pressen nutzen diese Regel aus.

Einige Tiere übrigens atmen nicht nach dem Unterdruckprinzip wie wir Menschen. Frösche und Kröten haben kaum ausgebildete Rippen und kein Zwerchfell, so daß sie mit dem Brustkorb keinen Unterdruck erzeugen können. Sie müssen die Luft regelrecht in ihre Lunge drükken. Und das ist auch bei Lungenfischen der Fall. Bei ihnen sind die Kiemen unterentwickelt. Um Luft zu atmen, schlucken sie an der Oberfläche eine Luftblase und drücken sie mit ihren Muskeln in die Lungen. Zunächst wird allerdings die verbrauchte Luft – hier lila dargestellt – herausgepreßt und dann die frische Luft geschluckt. Das Atmen erfolgt also durch die direkte Anwendung der Muskelkraft.

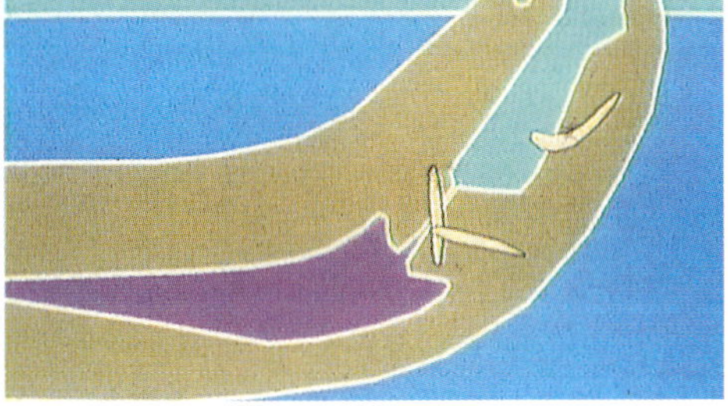

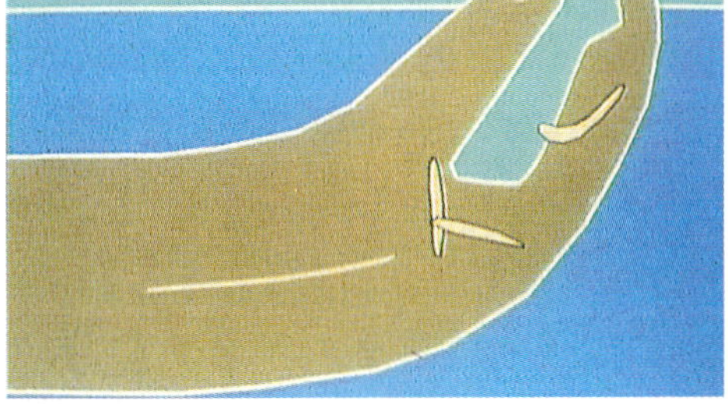

# 13

## Nebel im Marmeladenglas

### Das Kunststück:

Als Wettererscheinung ist uns Nebel eher unangenehm. Will man aber etwas herausfinden, ist es oft notwendig, Nebel zu erzeugen. Hier zeigen wir Ihnen eine einfache Methode dafür. In ein Marmeladenglas wird etwas Wasser und Alkohol gefüllt. Über die Öffnung spannt man eine Gummihaut, die mit einem Klebeband luftdicht fixiert wird. Zieht man jetzt an der Gummihaut, so entsteht plötzlich über der Flüssigkeitsschicht Nebel. Läßt man die Gummihaut los, so verschwindet der Nebel wieder.

### Das knoff-hoff:

Wenn an der Gummihaut gezogen wird, dann vergrößert sich das Volumen in dem durch die Gummihaut abgeschlossenen Glas. Das Innere kühlt ab, weil die Moleküle in dem vergrößerten Volumen jetzt weitere Wege zurücklegen müssen, ihre Wärmebewegung wird kleiner. Weil das Innere abkühlt, kondensieren die im Gas enthaltenen Wasser- und Alkoholteilchen zu kleinen Tröpfchen – Nebel entsteht. Wird die Gummihaut losgelassen, so verringert sich das Volumen – es wird zusammengepreßt

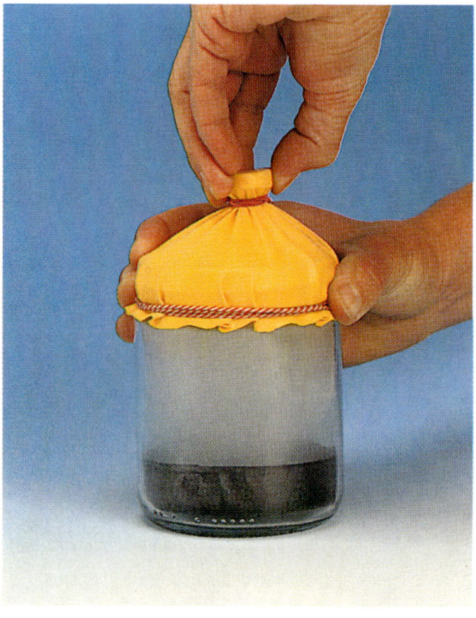

und erwärmt sich dabei. Die Tröpfchen lösen sich auf, weil sich die Teilchen wegen des beengten Raums jetzt heftiger hin und her bewegen. Das wärmere Gas nimmt mehr Feuchtigkeit auf. Angenehmer ist sicher Nebel, der beim schnellen Öffnen einer Sektflasche entsteht.

## Tricks und Tips:

Diese Konstruktion ist übrigens eine einfache „Nebelkammer“, die sonst in der Technik ihre Anwendung findet. Man konstruiert dabei eine Unterdruckkammer, in der Flüssigkeitsteilchen gelöst sind. Interessiert ist man daran, radioaktive Strahlungen sichtbar zu machen. Alphateilchen – eine Art radioaktiver Strahlung – sind eigentlich Heliumatomkerne. Das sind „dicke Brummer“, die in der Unterdruckkammer ihre Bahnen ziehen und beim Zusammenprall andere Moleküle ionisieren, ihnen also einige Elektronen wegschlagen. Diese Ionen bilden hervorragende Kondensationskeime, an denen sich die in dem Gas gelösten Teilchen gerne anlagern und Tröpfchen bilden. Der Weg eines Alpha-Teilchens ist so gut als dicke Nebelspur zu verfolgen.
Auch Beta-Teilchen liefern diese Spur – sie ist länger und schmaler als die der Alpha-Teilchen. Beta-Teilchen sind Elektronen, die relativ klein sind, so

daß es deshalb auf ihrem Weg durch diese übersättigte Atmosphäre zu weniger Zusammenstößen kommt.
Der Unterdruck macht auch Flugzeugen zu schaffen. Im Winter ist es besonders wichtig, Flugzeuge vor dem Start zu enteisen. Geschieht das nicht, so bildet sich bei niedrigen Temperaturen und bestimmter, feuchter Wetterlage auf der Flügeloberseite eine Eisschicht, die die Auftriebseigenschaften des Flügels verändert. Daß das vor allem auf der Oberseite des Flügels passiert, liegt an dem Unterdruck, der gerade in diesem Bereich herrscht – sonst würde das Flugzeug ja auch nicht fliegen. In diesem Unterdruckbereich kühlt die Luft besonders stark ab, deshalb gefriert die Feuchtigkeit bevorzugt hier. Man löst das Problem, indem man ein Glykol-Wasser-Gemisch über den Flügel sprüht. Es besitzt einen niedrigen Gefrierpunkt und bildet deshalb in der Startphase nicht das tödliche Eis.

Die Unterdruckbereiche an einem Flugzeugflügel lassen sich unter bestimmten Umständen auch direkt beobachten. Landet man mit einem Flugzeug in tropisch feucht-heißer Luft, so bilden sich über den Flügeln plötzlich Kondensstreifen. Beim Landen werden zusätzlich die Landeklappen ausgefahren, um den Unterdruck über den Flügeln zu erhöhen. Unterdruck bedeutet Abkühlung – das ist genauso wie im Marmeladenglas –, und die Feuchtigkeit in der wärmeren, tropischen Luft kondensiert. Die Strömung trägt sie dann als Kondensstreifen davon.

# 14

## *Wenn der Schlauch gerollt ist*

### *Das Kunststück:*

Wenn man einen Schlauch rollt und dann Wasser hineingießt, ist etwas Seltsames zu beobachten. Das Wasser fließt zwar kontinuierlich hinein, kommt jedoch portionsweise wieder heraus. Was ist die Ursache für diese Veränderung?

### *Das knoff-hoff:*

Im gerollten Schlauch befindet sich Luft, die durch das hineinfließende Wasser zusammengedrückt wird.

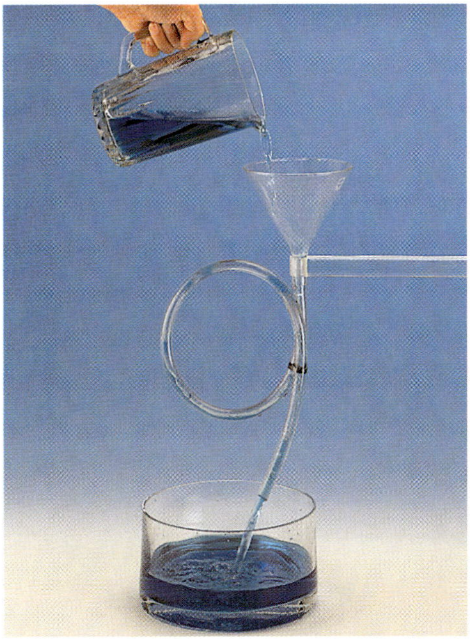

Dann kann es die Krümmung überwinden und fließt plötzlich aus dem Schlauch. Nun besitzt Wasser einen großen Zusammenhalt. Läuft es in die gebogenen Röhren hinein, so fällt es am Ende der Biegung – von der Schwerkraft begünstigt – rasch nach unten und zieht mehr Wasser nach sich, als neu hineingegossen wird.

Sogar noch intensiver ist der Effekt bei einem zusammengerollten Gartenschlauch, den man entleeren will. Auch hier fließt das Wasser nur stoßweise heraus. Will man in diesen Gartenschlauch über einen Trichter Wasser hineinfüllen, so funktioniert das nicht. Das Wasser füllt die ersten beiden Schlauchwindungen. Die Luft im Schlauch – der atmosphärische Druck – bietet einen so großen Widerstand, der durch die Höhe des Wassers im Trichter nicht überwunden werden kann. Erst der Druck aus der Wasserleitung leistet das.

## Tricks und Tips:

Mit diesem stoßweisen Herausfließen kann man Trinker von zu intensivem Alkoholkonsum abhalten. Dieser Becher ist so konstruiert, daß, wenn man etwas zuviel hineingießt, plötzlich alles wieder herausläuft. Der aufgeschnittene Becher enthüllt sein Geheimnis. Der Weinspiegel kann bis zu einer bestimmten Höhe steigen. Darüber läuft er in den Kanal hinein und zieht die Restflüssigkeit hinter sich her.

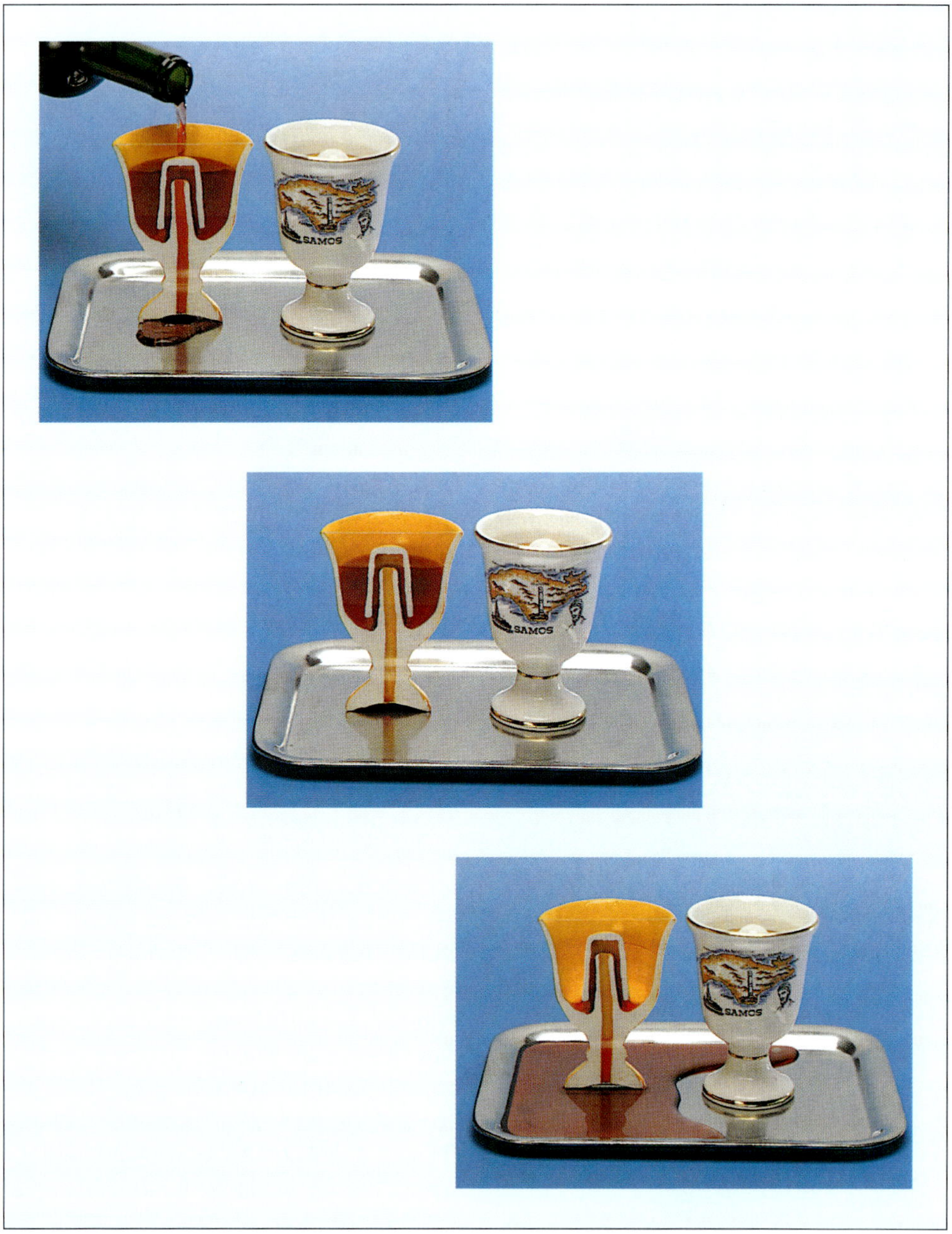

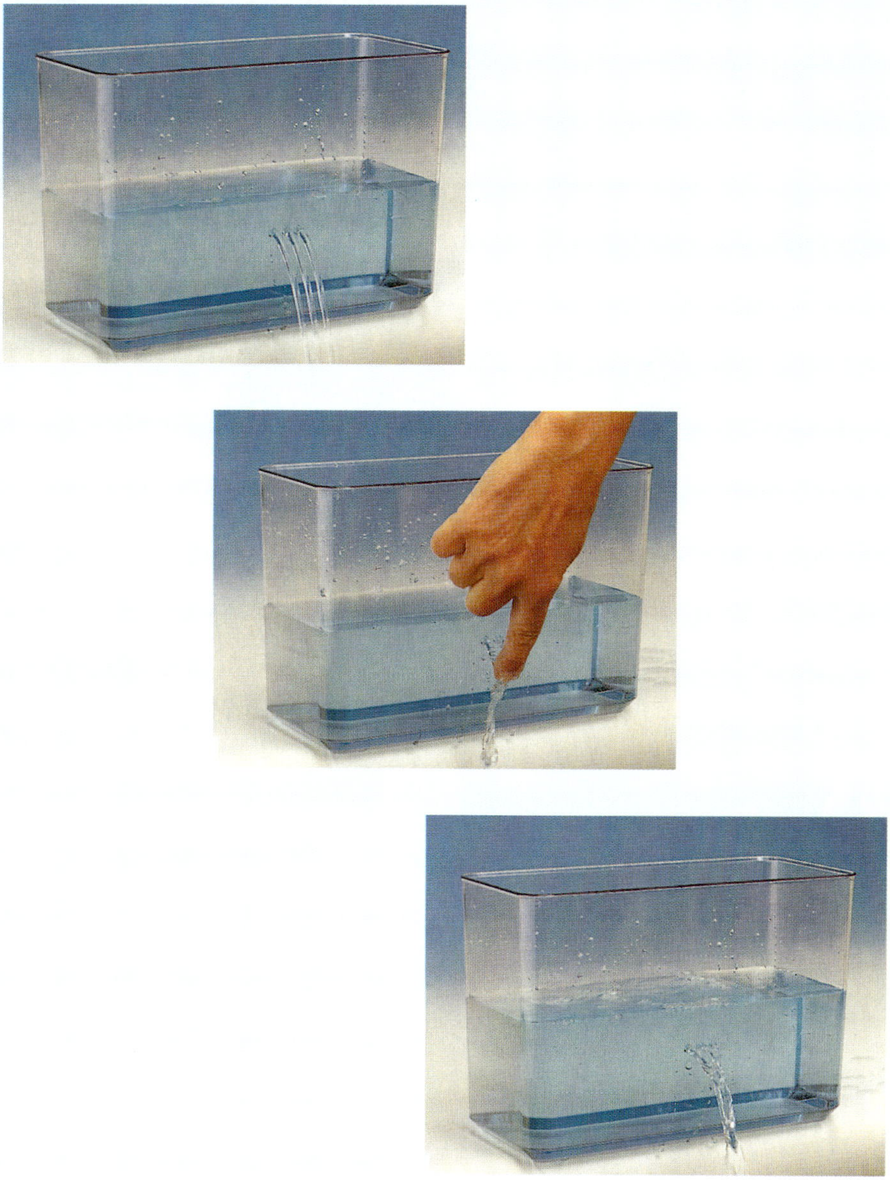

Wie groß der Zusammenhalt von Flüssigkeiten – vor allem von Wasser – ist, läßt sich auch mit diesem Kunststück zeigen. Aus der Dose laufen drei getrennte Wasserstrahlen. Streicht man mit dem Finger quer zur Ausströmrichtung an den drei Löchern vorbei, so kleben die drei Strahlen regelrecht zusammen. Der Zusammenhalt der Wasserteilchen ist so groß, daß er die entgegengerichteten Kräfte – das Auseinanderstreben der Wasserstrahlen – leicht überwinden kann. Weil Wasser so gut zusammenklebt, läßt es sich auf diese Weise auch leicht fördern. Auf dieser Achse ist

schraubenförmig ein Schlauch angebracht. Wird nun diese nach ihrem Erfinder benannte „Archimedes-Schraube" gedreht, steigt das Wasser nach oben und kann so eine Höhendifferenz überwinden. Durch die Drehbewegung und die Anordnung des Schlauches wird das Wasser nach oben gedrückt. In etwas abgewandelter Form läßt sich mit dieser Schraube auch Sand nach oben „drehen". Und man kann diesen Effekt nutzen, um Golfbälle mit dieser Schraube aufzusammeln.

Dieses Prinzip läßt sich auch anwenden, um vorwärtszukommen. Statt Rädern besitzt dieses Fahrzeug eine solche Schraube. Wenn die sich dreht, schraubt sich das Gefährt regelrecht durch den Schlamm. Entsprechend gesteuert, erreicht es jedes Ziel.

# 15

## Saugen zum Überleben

### *Das Kunststück:*

Eine Glasplatte sollte auch für einen Frosch eine äußerst glatte Unterlage sein. Bei diesem Frosch aber scheint alles anders zu sein. Hebt man die Glasplatte an, so rutscht er nicht nach unten – sogar dann nicht, wenn die Glasplatte senkrecht steht. Wie schafft es der Frosch, so standfest zu sein?

### *Das knoff-hoff:*

Schaut man genauer hin, so sieht man, daß der Frosch an den Enden seiner Zehen kleine Saugnäpfe besitzt. So ausgerüstet, kann er sogar steile, glatte Wände oder Flächen hinauflaufen. Fassadenkletterer könnten so etwas nachmachen – und zwar mit Klostampfern. Drückt man die Stampfer kurzzeitig sehr fest auf eine glatte Wand, so wird damit etwas Luft aus der Gummiglocke herausgepreßt. Die umgebende Luft besitzt einen höheren Druck, deshalb haften die Stampfer an einer glatten Wand. Der Frosch benutzt dasselbe technische Prinzip.

## Tricks und Tips:

Wenn Roboter gebaut werden, dann imitiert man oft die Natur. Mit den Saugnäpfen läßt sich ein Roboter bauen, der selbständig glatte Wände hinaufsteigt. Der Unterdruck in seinen Saugnäpfen wird allerdings nicht durch einfaches Herauspressen der Luft aus den Näpfen erreicht. Damit der Roboter nicht abstürzt, hat man eine Sicherung eingebaut. Berührt das gewölbte Gummi die Platte, so saugt eine Pumpe die Luft darunter ab. Der Luftdruck außen ist damit höher als unter der Gummihülle, denn dort fehlt jetzt etwas Luft. Dieser äußere Luftdruck preßt die Saugnäpfe so fest an die Platte, daß der Roboter mühelos die Glasscheibe hinaufsteigen kann. Derartige Roboter können z. B. zur Inspektion an schwer zugänglichen steilen Flächen oder beim Reinigen von Glasscheiben an Hochhäusern eingesetzt werden.

# 16

## *Tricks mit dünnen Häuten*

### *Das Kunststück:*

Der Erfindergeist ist unermüdlich, selbst wenn es um sehr kleine Dinge geht. Wenn man Kampferstücke auf

Wasser wirft und anzündet, so fahren diese brennenden Boote hektisch auf der Wasseroberfläche hin und her. Ist das wirklich der Rückstoß durch die Flamme, oder was treibt die „Boote" an?

### *Das knoff-hoff:*

Kampfer hat auf das Wasser eine „entspannende" Wirkung. Das bedeutet, daß er die „Haut", die die Wassermoleküle durch ihren starken Zusammenhalt bilden, aufreißen kann. Jedes Spülmittel hat diese Wirkung – durch seinen Einfluß bilden sich z. B. nicht mehr Wassertropfen, die ja durch den Zusammenhalt der Wassermoleküle zustande kommen. Das Wasser „benetzt" mit Spülmittel eine Fläche besser. Wenn das Kampferstückchen die Wasseroberfläche berührt, wirkt es wie ein Spülmittel. Es reißt an dieser Stelle die Wasseroberfläche auf. Das umgebende Wasser zieht sich sehr schnell zum Rand hin zusammen und reißt das Kampferboot mit sich. Ob es brennt oder nicht, ist dabei unerheblich.

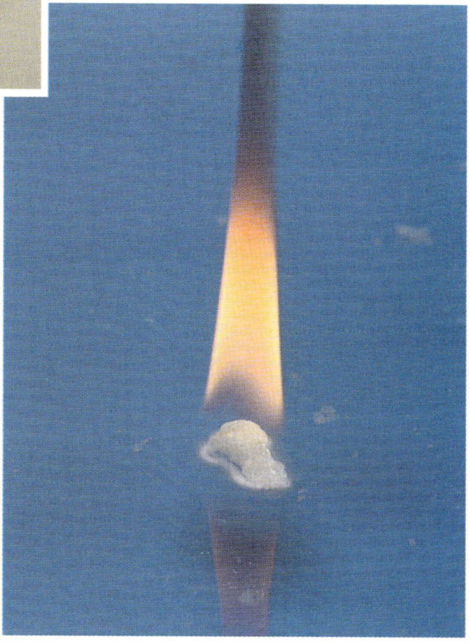

## Tricks und Tips:

Die „benetzende" Wirkung von einigen Materialien läßt sich auch noch für andere Kunststücke ausnutzen. Gießt man Wasser in einen mit Sand gefüllten Behälter, so dringt es nur sehr langsam nach unten vor. Durch den starken Zusammenhalt der Wassermoleküle bildet das Wasser eine Haut, die das Hineinlaufen in die engen Zwischenräume erschwert. Drückt man jetzt auf den Sand, so steigt das Wasser wieder nach oben und dringt nicht mehr in den darunterliegenden Sand ein. Vermischt man das Wasser jedoch mit einem Spülmittel oder Alkohol, so gelingt das Eindringen der Flüssigkeit in den Sand wieder. Beide Mittel schwächen den Zusammenhalt der Wassermoleküle.

Wenn man die Oberflächenspannung schwächt, kann man erstaunliche Kunststücke machen, wie sie dieser Seifenhautkünstler zeigt. Die Wand aus Seifenwasser ist so dünn, daß sie mit der Wellenlänge des sichtbaren Lichtes vergleichbar wird – und das

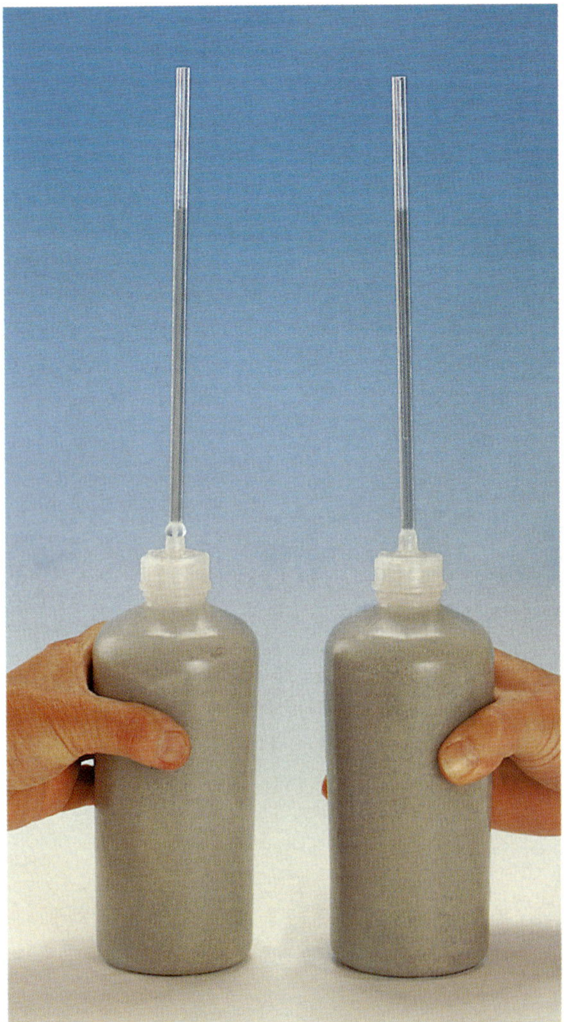

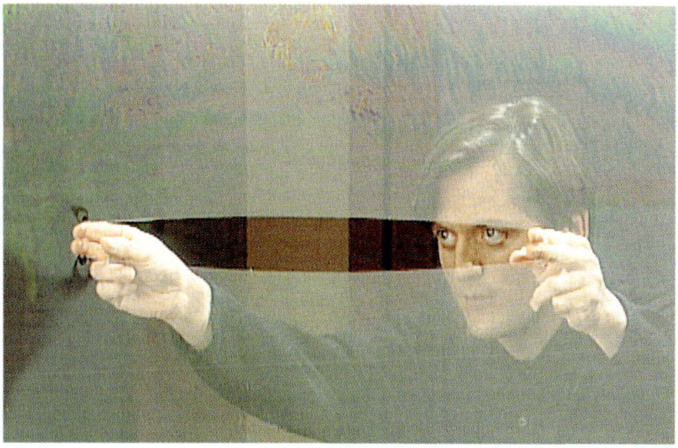

Wie die restliche Oberflächenspannung das Wasser zusammenzieht, zeigen die Kreise. Sie werden gebildet, indem man einen Faden in die Seifenhaut bringt. Sticht man nun die innere Haut durch, so bildet dieser Faden sofort einen Kreis, weil das Seifenwasser die Tendenz hat, sich zusammenzuziehen und deshalb nach außen strebt. Man kann das Wasser auch mit Hilfe eines Spülmittels zu Blasen auseinanderziehen. Mit Rauch gefüllt, zeigen sich erstaunliche Effekte.

sind nur einige hundert Nanometer, also 100millionstel Millimeter. Deshalb ist auch die Wand aus Seifenwasser so farbig. Durch die Reflektion an der äußeren und inneren Seite der Seifenhaut überlagern sich die Lichtwellen, löschen sich je nach Gangunterschied der Wellen aus oder verstärken sich. Weil weißes Licht sich aus verschiedenen Farben – also Wellenlängen – zusammensetzt, fehlt dadurch eine Farbe oder sie verstärkt sich. Die Wand aus Seifenwasser wird so farbig.

# 17

## Können Schildkröten schwimmen?

### Das Kunststück:

Wenn man eine Landschildkröte ins Wasser wirft – kann sie dann schwimmen oder nicht? Wir haben für diesen Versuch zwei unterschiedliche Arten von Schildkröten und einen Swimmingpool ins Studio geholt. Die kleinere Schildkrötenart lebt auf dem afrikanischen Festland, die größere auf der vorgelagerten Inselgruppe der Seychellen. Die Schildkröte vom Festland geht im Wasser zunächst sofort unter. Dann besinnt sie sich, beginnt zu paddeln und kann mit dem Kopf über Wasser ganz gut schwimmen. Die Schildkröte von der Insel versinkt beim „Ins-Wasser-gehen" überhaupt nicht, obwohl sie größer ist. Und sie muß auch kein Bein bewegen, um über Wasser zu bleiben. Gibt es etwa Schildkröten, die mit einer Schwimmweste geboren werden?

### Das knoff-hoff:

Schaut man sich die Panzer der beiden Schildkröten im Querschnitt an, so ist klar, warum die Inselschildkröte ohne eigenes Zutun schwimmen kann. Ihr Panzer ist sehr porös aufgebaut, und das verleiht der Schildkröte den wichtigen Auftrieb im Wasser. Die Schildkröte vom Festland besitzt einen kompakt aufgebauten Panzer, deshalb muß sie schon etwas mit den Füßen tun, um über Wasser zu bleiben. Der poröse Panzer der Inselschildkröte hat etwas mit der Entwicklungsgeschichte – der Evolution – zu tun. Um überhaupt auf die Inseln zu gelangen, mußte sie sehr lange Strecken schwimmen. Durch eine Laune der Natur gab es einige Exemplare mit porösen Panzern – und nur die schafften es bis zu den Seychellen und vermehrten sich dort. Außerdem

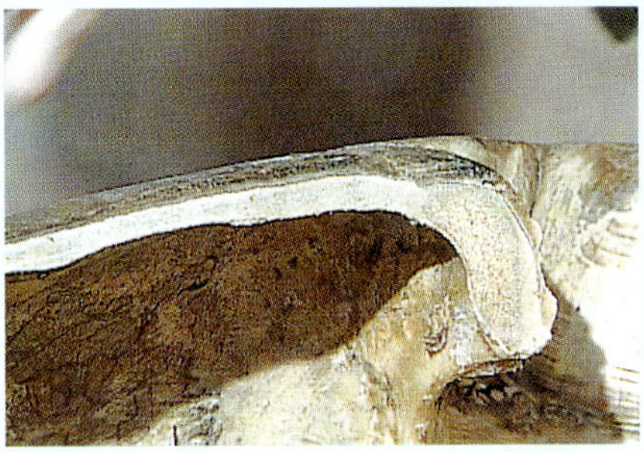

fällt auf, daß diese Schildkröten größer sind als ihre Verwandten vom Festland. Durch den porösen – und deshalb leichteren – Panzer konnten sie offenbar größer werden als die Festlandschildkröten mit ihren kompakt aufgebauten, deshalb schwereren und nur bis zu einer bestimmten Grenze tragbaren Panzern.

## Tricks und Tips:

Im Tierreich gibt es raffinierte Lösungen, um schwimmen zu können. Dieser Nautilus ist eigentlich ein lebendes Fossil – 250 Millionen Jahre existiert er schon in dieser Form. Er bewegt sich fort, indem er wie eine Rakete Wasser nach hinten wegspritzt. Am Tag lebt er in etwa 500 m Tiefe – während der Nacht allerdings steigt er auf, um in etwa 100 m Tiefe nach Nahrung zu suchen. Damit er immer auf einer Höhe schweben kann, hat er ein intelligentes System entwickelt.

Der Querschnitt zeigt, daß er eigentlich nur den vorderen Teil dieses schneckenartigen Gehäuses bewohnt – der Rest besteht aus Kammern, die über einen dünnen Kanal miteinander verbunden sind. Die Kammern kann er Stück für Stück mit Gas füllen und damit seinen Auftrieb regulieren. Will er höher gehen, füllt er einfach mehrere Kammern mit Gas, so daß er aufschwimmen kann. Beim Abtauchen füllt er sie wieder mit Wasser. In einem Modell haben wir diese Lösung der Natur nachgebaut. Die mit Gas gefüllten Kammern erlauben es dem Nautilus auch, aufrecht im Wasser zu schwimmen. Tippt man ihn mit dem Finger an, so kommt er immer wieder in die aufrechte Position zurück.

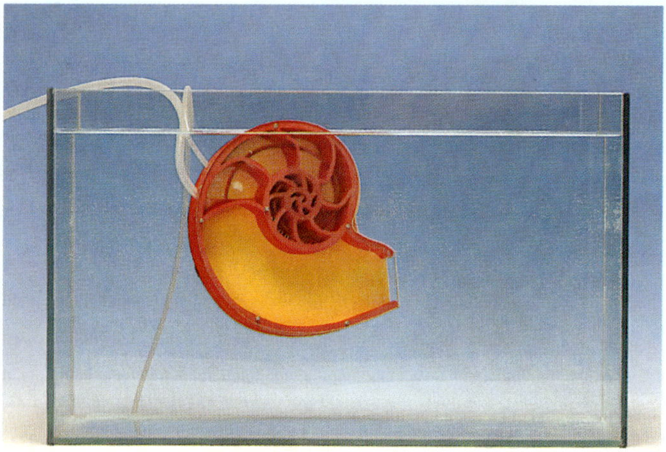

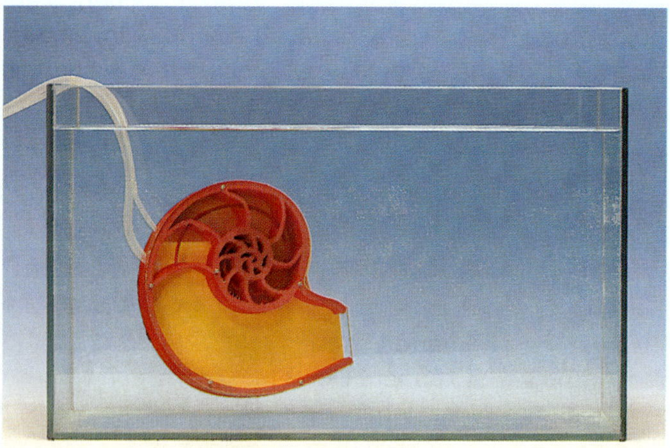

# 18

## Die Luft im Ei

### Das Kunststück:

Wenn man Eier aufeinanderschlägt so zerbricht immer nur ein Ei. Das liegt daran, daß der Kontakt auf einer sehr unregelmäßigen Oberfläche stattfindet. Der Druck wird an einer Stelle für ein Ei besonders hoch; dieses Ei zer-

bricht und bietet dann dem anderen Ei nicht mehr genug Widerstand, um auch dieses zum Zerbrechen zu bringen. Kinderspiele beim Ostereiersuchen leben von diesem Effekt. Beim „Eierpicken" gewinnt immer einer – von Ausnahmen abgesehen.
Wenn so ein Ei aufgeschlagen wird, sieht man, daß es eine Luftblase enthält. Diese Luftblase dient dem Küken zum Überleben. Aber manche Leute behaupten, daß sie auch etwas mit dem Schutz des Eigelbs vor Infektionen zu tun hat. Wenn das so ist, dann wäre es auch sinnvoll, dieses Wissen beim Lagern von Eiern auszunutzen.

### Das knoff-hoff:

Wir haben keine Kosten und Mühen gescheut, um diesem Problem nachzugehen. Mit einem speziellen Röntgengerät kann man in das Innere der Eier schauen. Eier besitzen ja eine breite und eine spitzer zulaufende Seite. Die Luftblase befindet sich an der breiten Seite. Sie ist als schwarzer Bereich auf dem Foto gut zu erkennen.

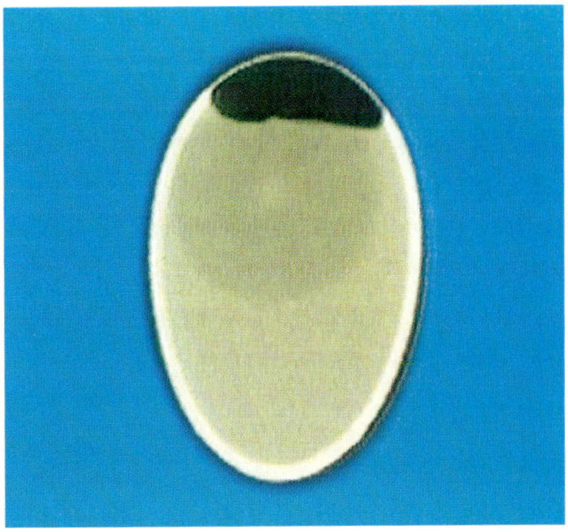

Wird das Ei schlecht, vergrößert sich die Blase. Durch die Tätigkeit der Bakterien entstehen zusätzlich Gase, die außerdem noch unangenehm riechen. Durch die größer werdende Gasblase

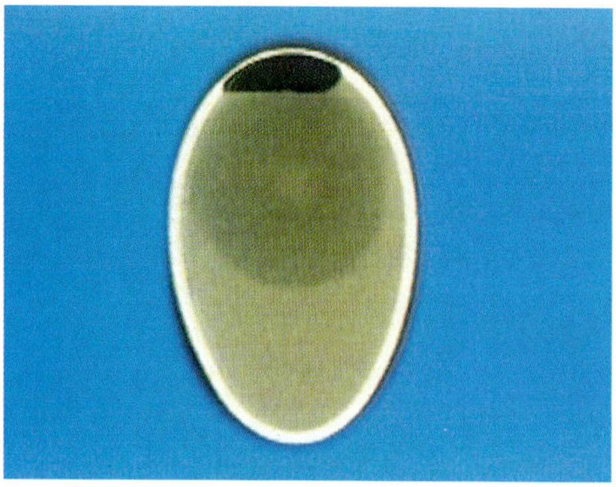

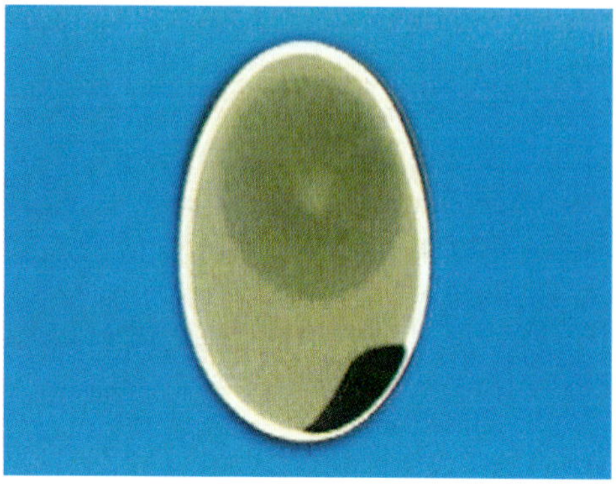

schwimmen „faule" Eier – anders als frische – im Wasser auf. Wenn das Ei mit seiner breiten Seite nach oben zeigt, dann wirkt die Luftblase oben wie ein Puffer. Das empfindliche Eigelb schwimmt im oberen Bereich – geschützt vor den Bakterien, die durch die poröse Eischale eindringen könnten. Dreht man das Ei herum, so steigt das Eigelb zur Schale auf – ein fast direkter Kontakt zu den Bakterien und Viren, die außen lauern, kann durch die Berührung stattfinden. Die schützende Luftblase bleibt unten. Man sollte also die Eier mit dem spitzeren Ende nach unten in den Kühlschrank stellen. Tatsächlich machen wir es aber genau andersherum. Und auch in den Eierpackungen stehen die Eier oft falsch herum. Diesen Effekt sollte man selbstverständlich nicht überschätzen.

## Tricks und Tips:

Die Luftblase ist auch die Ursache dafür, daß die Eier beim Kochen platzen, die Luft dehnt sich in der Hitze aus und zerreißt die Eischale. Damit das nicht passiert, kann man die Eier vorher anstechen, dann dringt die Luft beim Ausdehnen aus diesem Loch heraus, oder man benutzt spezielle Eierkocher. Einer von ihnen ist besonders interessant. Man füllt nur wenig Wasser hinein, die Eier stehen auf einem Rost und das Wasser verdunstet, wenn es zum Kochen gebracht wird. Die Eier werden von dem sie umströmenden Dampf erhitzt und so „gekocht". Die

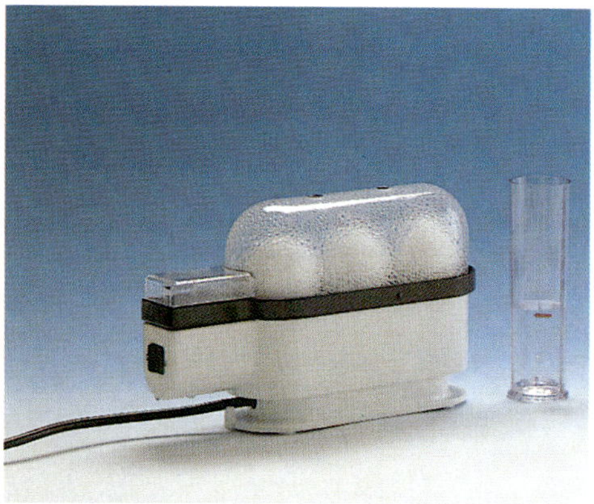

erforderliche Wassermenge muß vorher genau abgemessen werden. Ist sie verdunstet, sind die Eier fertig – ein elektronischer Summer zeigt dies an. Ungewöhnlich ist, daß, je mehr Eier man kocht, um so weniger Wasser in den Kocher eingefüllt werden muß. Eigentlich unverständlich; denn mehr Eier bedeuten ja mehr Wärmebedarf – oder nicht?

Die Beobachtung aber zeigt, daß die gleiche Wassermenge zum vollständigen Verdampfen mehr Zeit benötigt, wenn sich mehr Eier im Kocher befinden. Die größere Anzahl von Eiern bietet dem Dampf eine größere Oberfläche als weniger Eier. Sind die Eier noch kalt, so kondensiert der Dampf an der kühlen Oberfläche und tropft in das Sammelgefäß zurück. Dabei gibt er immer wieder Wärme an die Eier ab, bis diese gar sind. Wegen der größeren Oberfläche, die viele Eier bieten, benötigt dieser Vorgang hier mehr Zeit als mit wenigen Eiern. Deshalb wäre die Garzeit auch länger. Um die vielen Eier auch genau auf den Punkt zu garen, muß man deshalb weniger Wasser einfüllen.

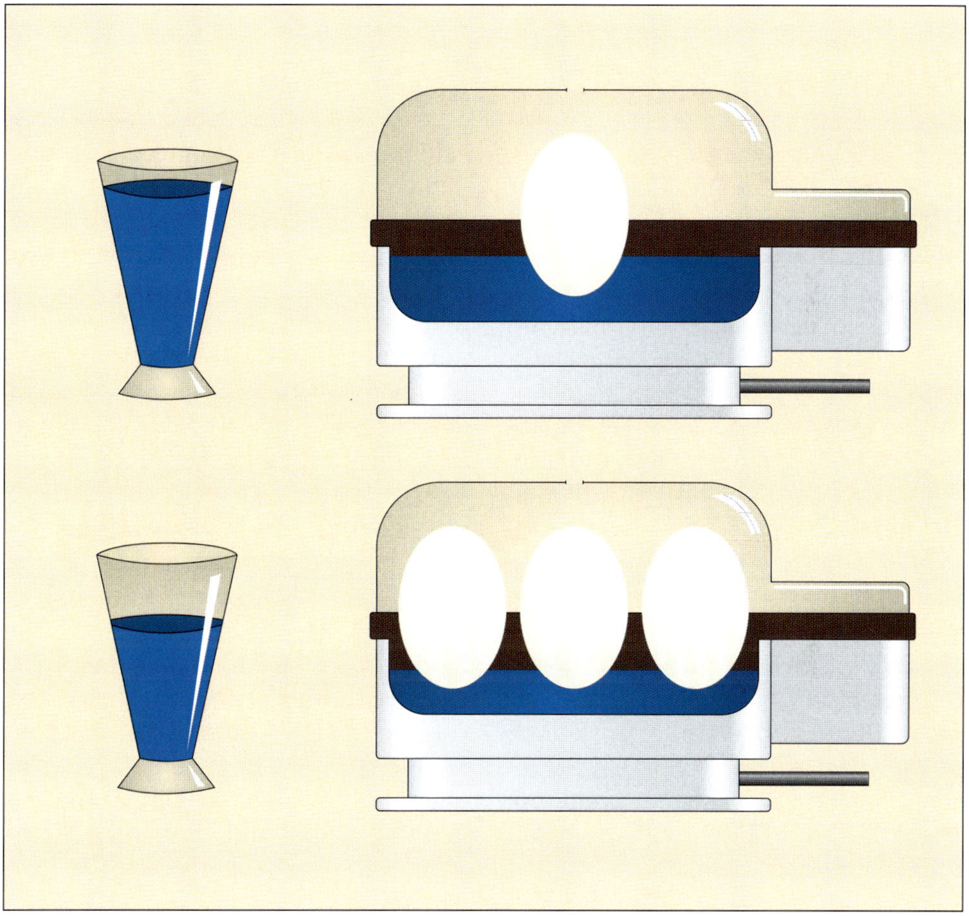

# 19

# Der Clou beim Rollen

## Das Kunststück:

Beim Bowlingspielen ist es sehr bequem, daß die Kugeln immer wieder automatisch zum Spieler rollen und man sich so voll auf das Spiel konzentrieren kann. Normalerweise rollen die Kugeln in seitlich angebrachten Führungen zurück. Diese Rücklaufstrecken können aus kompakten Rinnen oder Schienen bestehen. Schienen würden bei der Konstruktion Material sparen. Sollten die Schienen für diesen Zweck schmal oder möglichst breit sein, oder ist die Breite der Schienen unerheblich? Unser Experiment zeigt ein überraschendes Ergebnis. Beide Bowlingkugeln sind gleich aufgebaut und besitzen dasselbe Gewicht. Bei einem Wettrennen jedoch ist die Kugel auf den schmalen Schienen schneller als die auf der breiteren. Wieso besitzen Kugeln auf schmalen Schienen diesen Vorteil?

## Das knoff-hoff:

Auf den weiter auseinanderliegenden Schienen liegt die Kugel tiefer. Um ein bestimmtes Stück vorwärts zu kommen, muß sie einige Umdrehungen mehr machen als die Kugel, die auf den schmalen Schienen sitzt und damit höher liegt. Der Abrollkreis ist bei der tiefer liegenden Kugel kleiner, deshalb wird sie sich, um nach vorne zu kommen, häufiger um ihre eigene Achse drehen. Bei jeder Umdrehung muß die gesamte Masse der Kugel in Rotation versetzt werden, und das kostet Energie. Sie ist deshalb langsamer.
Beide Kugeln werden aus der gleichen Höhe gestartet. Damit besitzen sie die gleiche potentielle Energie. Weil die auf der schmalen Schiene liegende Kugel weniger Umdrehungen vollführen muß, um vorwärts zu kommen, kann sie mehr Energie in die

Vorwärtsbewegung stecken und ist damit schneller. Die tiefer liegende Kugel auf der breiten Schiene rollt für die Überwindung derselben Distanz weitaus häufiger um ihre eigene Achse und verliert deshalb einen größeren Teil ihrer Energie als Rotationsenergie.

## Tricks und Tips:

Beim Rollen kommt es auch auf die Massenverteilung an. In Neuseeland wurde eine Hohlkugel aus durchsichtigem Kunststoffmaterial entwickelt, mit der man durch die Landschaft bergab rollen kann. Der Erfinder versichert, daß dies Spaß macht! Die innere Kugel ist von der äußeren Hülle mit Preßluft abgefedert – Schnüre halten die beiden Kugelschalen zusammen, und man kann von einer Seite in die innere „Passagierkugel" kriechen. Wenn man nun einen Hügel hinabrollt, so stellt sich die Frage, ob man die Geschwindigkeit irgendwie noch kontrollieren kann. In engen Grenzen ist das möglich, abhängig davon, ob man stehend in der Kugel rollt oder zusammengekauert in der Kugel sitzt.

Das Experiment mit zwei Hanteln macht dies deutlich.
Einmal sind die sechs Gewichtsscheiben direkt auf der Achse angebracht, ein anderes Mal in einem größeren Abstand von der Achse. Das Ergebnis ist, daß die Hantel mit den um die Achse konzentrierten Gewichtsscheiben schneller ist. Wiederum spielt dabei die Aufteilung der Rotations- und Translationsenergie die wichtige Rolle. Um eine bestimmte Strecke zu überwinden, müssen sich die Hanteln drehen. Befinden sich die Gewichte weiter weg von der Achse, muß mehr Energie dazu benutzt werden, um sie eine volle Umdrehung ausführen zu lassen – denn die Massen beschreiben einen größeren Umlaufkreis. Bei den konzentriert um die Achse angebrachten Gewichten ist dieser Teil der aufgewandten Energie geringer. Hier kann mehr Energie in die Vorwärtsbewegung gesteckt werden. Aufrechtstehend ist man also in der Kugel langsamer als zusammengekauert sitzend. Obwohl bei einer Person, anders als bei den Hanteln, der Massenunterschied nicht besonders groß ist – dazu müßte man schon einen Mann aus Stahl in diesen Positionen rollen lassen.
Mit der schmalen und breiten Schiene läßt sich noch etwas Verblüffendes zeigen. Rollt man auf der schmalen Schiene eine Kugel auf eine andere, so bleibt die erste Kugel stehen und gibt ihren Impuls vollständig an die angestoßene Kugel ab. Die läuft jetzt mehr oder weniger mit der gleichen Geschwindigkeit weiter. Nach dem Impulssatz muß das auch so sein, weil ja die Massen der beiden Kugeln gleich sind. Die an Fäden hängenden Kugeln zeigen dasselbe Ergebnis. Hebt man eine Kugel an und läßt sie auf die anderen fallen, so wird der Impuls, also das Produkt aus Masse und Geschwindigkeit, an die anderen weitergegeben. Weil die Masse aller Kugeln gleich ist,

wird die letzte Kugel in diesselbe Höhe gehoben wie die vorher ausgelenkte.

Führt man das Roll-Experiment jetzt auf breiten Schienen durch, so scheint die schöne Theorie in sich zusammenzustürzen. Denn beide Kugeln laufengemeinsam weiter. Der Impuls wird unter diesen Bedingungen offenbar anders weitergegeben. Auf den breiten Schienen rollt die Kugel auf einem kleinen Umlaufkreis ab – weil ja die Schienen breit sind und die Kugel tief liegt. Deshalb dreht sie sich sehr schnell, um vorwärts zu kommen. Sie besitzt eine hohe Rotationsenergie. Trifft sie auf die andere Kugel, so überträgt sie auch einen Impuls auf die andere Kugel. Weil sie jedoch so stark rotiert, läuft sie der angestoßenen Kugel nach. Auf einer schmalen Schiene dreht sich die Kugel bei gleicher Vorwärtsbewegung relativ langsam. Es steht weniger Rotationsenergie zur Verfügung, deshalb bleibt die Kugel nach dem Weitergeben des Impulses einfach stehen.

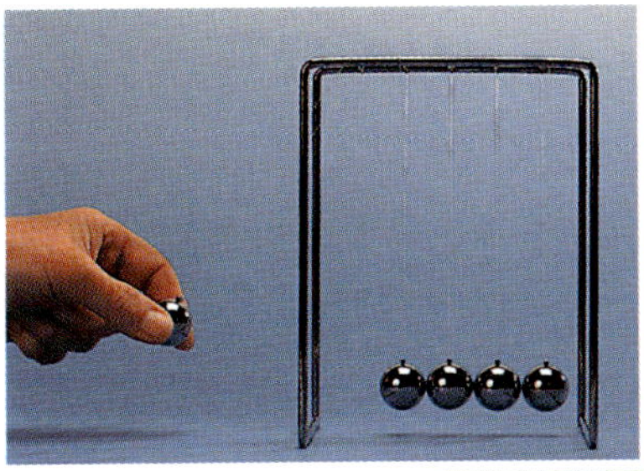

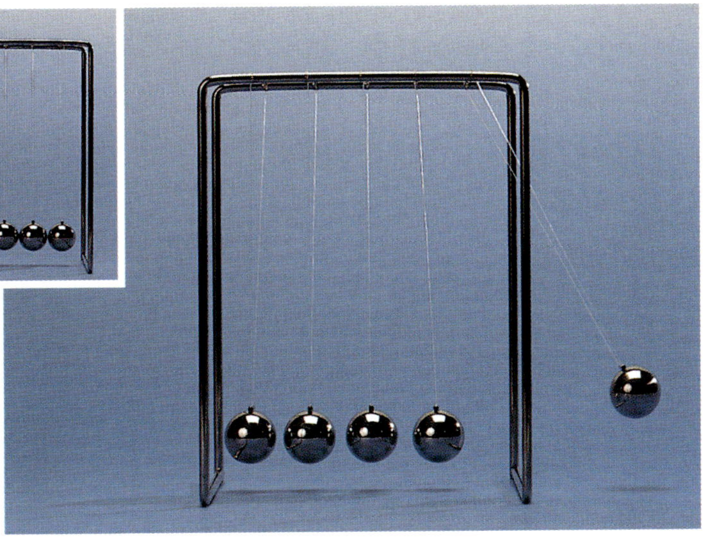

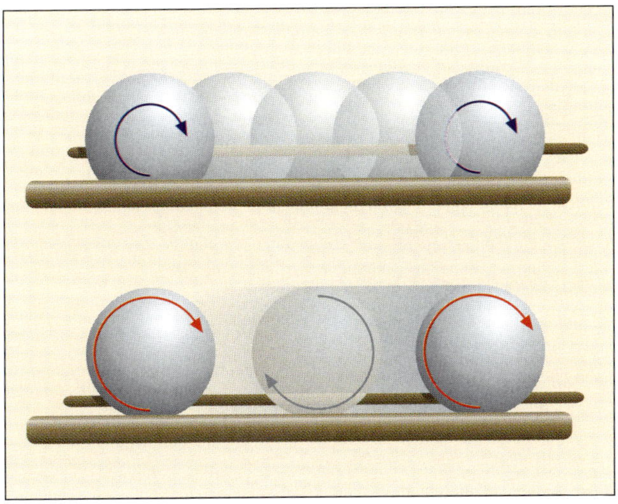

# 20

## Die mobile Tretmühle

### *Das Kunststück:*

Jeder von uns kennt die Trommel, in der Hamster oder Mäuse ihr Bewegungstraining absolvieren. Sie soll ihnen die Illusion vermitteln, lange Strecken zurückzulegen – aber die Tiere laufen nur auf einer Stelle. Mit einem Trick kann man eine solche Trommel wirklich als Fortbewegungsmittel

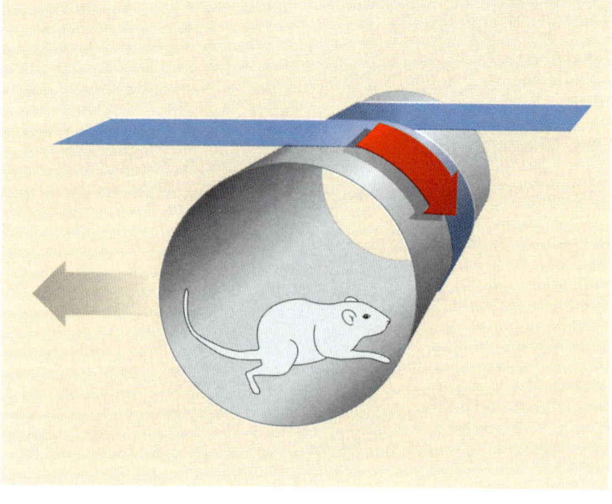

benutzen. Sie wird an zwei Seile gehängt, die jeweils einmal um die Trommel geschlungen sind. Wird die Trommel jetzt gedreht, so kommt man in den Seilen wirklich weiter.

## Das knoff-hoff:

In der Mechanik kommt es seit jeher auf eine geschickte Übertragung der Kräfte an. Durch die Drehbewegung der Trommel in der Schlaufe rollt sie in dem Seil entlang. Die Schlaufe wird dabei durch die Haftreibung über die gesamte Seillänge verschoben.

Normalerweise übernehmen Zahnräder die Übertragung von Bewegungen. Hier sind verschiedene Formen zu sehen. Elliptische Zahnräder erlauben eine Beschleunigung und Verlangsamung der Bewegung während einer Umdrehung. Denn erst greifen die Zahnräder in der starken Krümmung ineinander und dann auf der Längsseite.

In der Technik wird dieses Prinzip für Verformungsmaschinen genutzt. Die unrunden Zahnräder werden gleichförmig drehend angetrieben. Dabei entsteht diese periodisch wiederkehrende schlagartige Bewegung, die man ja beim Verformen von Metallen benötigt. Auch Textilmaschinen haben solche unrunden Zahnräder. Beim Auskämmen von Schafswolle braucht man diesen ständigen Wechsel zwischen langsamer und schneller Bewegung. Die unrunden Zahnräder haben durch ihre Asymmetrie auch den Vorteil, vorbeiströmenden Medien eine Angriffsfläche zu liefern. In Flüssigkeiten drehen sie sich – anders als perfekt runde Zahnräder – wenn die Flüssigkeit vorbeiströmt. Das ist die Grundlage für eine Möglichkeit, strömende Flüssigkeiten zu messen.

Bei diesem geteilten Zahnrad beschleunigt und verlangsamt sich die Bewegung, weil es durch die Teilung unterschiedliche Übersetzungen liefert. Je nachdem, welche Zahnradabstände ineinandergreifen, gibt es eine schnelle oder eine langsame Bewegung.

Und es ist möglich, ein Einzahnrad zu konstruieren. Das ist eher eine Spielerei und für theoretische Betrachtungen von Bedeutung. Denn eine praktische Anwendung findet sich dafür bis jetzt nicht.

Auch spitze Zahnräder wurden entwickelt. Hier greift eines in ein miteinander verschmolzenes Paar Zahnräder.

## Tricks und Tips:

Es gibt auch viereckige Zahnräder. Auch bei ihnen wird die Bewegung einmal beschleunigt und dann wieder verlangsamt. Damit kann man bestimmte technische Aufgaben lösen. Solche viereckigen Räder rollen auch problemlos über eine genau berechnete – wegen der Form der Räder gewellte – Oberfläche.

Interessant ist diese historische Uhr aus dem 17. Jahrhundert mit drei- und viereckigen Zahnrädern. Sie sollten dazu dienen, Gangunterschiede, die durch die Reibung auftraten, auszugleichen. Denn über eine Ecke laufen die Zahnräder schneller als über die Längsseite – eine Folge der ungewöhnlichen Form dieser Zahnräder. Aber so sehr man sich auch bemühte, die Uhr ging durch diesen Trick nicht genauer. Sie stand übrigens einmal im Dresdner Zwinger und wurde nach ihrer Vernichtung mit Hilfe spärlicher Unterlagen rekonstruiert.

Moderner ist diese Zahnradanordnung. Hier laufen Zahnräder in Zahnrädern. Durch die Drehbewegung laufen Hohlräume um – das ermöglicht die Konstruktion einer Pumpe.

# 21

# Bremsen, aber richtig

## *Das Kunststück:*

Über die Kunst beim Bremsen in einer gefährlichen Verkehrssituation gibt es viele Geschichten – ob sie alle wahr sind und ob man daraus Rat für das eigene Fahrverhalten ziehen kann, bleibt fraglich. Was ist wirklich riskanter: Wenn beim Bremsen die Vorderräder blockieren oder die Hinterräder? Wir sind dieser Frage nachgegangen. Dazu haben wir im Studio eine Schräge aufgebaut und zwei Wagen konstruiert, bei denen wir über Funk die Hinter- oder Vorderräder blockieren können. Das Ergebnis dieses Experiments ist verblüffend: Blockieren die Vorderräder, so bleibt der Wagen in der Spur – geschieht das mit den Hinterrädern, so gleitet das Gefährt aus der ursprünglichen Richtung und stellt sich quer. Ein Ergebnis, das eigentlich gegen unseren gesunden Menschenverstand spricht.

## Das knoff-hoff:

Die Ursache für dieses ungewöhnliche Verhalten liegt in der trägen Masse des Autos und seinem Schwerpunkt. Blockieren die Hinterräder, so haben sie keine Führung mehr. Das Hinterteil des Autos gleitet aus der Spur und drückt das Auto von der Fahrbahn. Der Schwerpunkt des Fahrzeugs liegt bei uns in der Mitte – das Hinterteil schlenkert hin und her. Lenkversuche mit den Vorderrädern nutzen in dieser Situation nicht allzu viel.
Blockieren hingegen die Vorderräder, so bleiben die Hinterräder in der Spur, das Fahrzeug setzt mehr oder weniger unbeeindruckt seinen Weg fort. Die nichtblockierten Hinterräder haben eine Führung – der Schwerpunkt setzt wegen der Trägheitskraft die Bewegung in die ursprüngliche Richtung fort, die Hinterräder „lenken" nach. Dieses Verhalten kann man nachempfinden, wenn man das Auto in den unterschiedlichen Situationen über die Unterlage schiebt und es nur leicht mit dem Finger berührt. Aus diesem Grund übrigens ist es auch vorgeschrieben, daß die Hinterradbremsen nicht so viel Druck ausüben dürfen wie die Vorderradbremsen.

## Tricks und Tips:

Oft hat man nicht genug Zeit zum Bremsen. Wenn man unausweichlich auf eine Mauer zufährt, muß man sich aber die Frage beantworten, was man während des Bremsens machen soll – mit der Lenkung versuchen, der Wand auszuweichen oder gerade auf die Wand zufahren. Unser Versuch zeigt, daß es besser ist, direkt auf die Wand

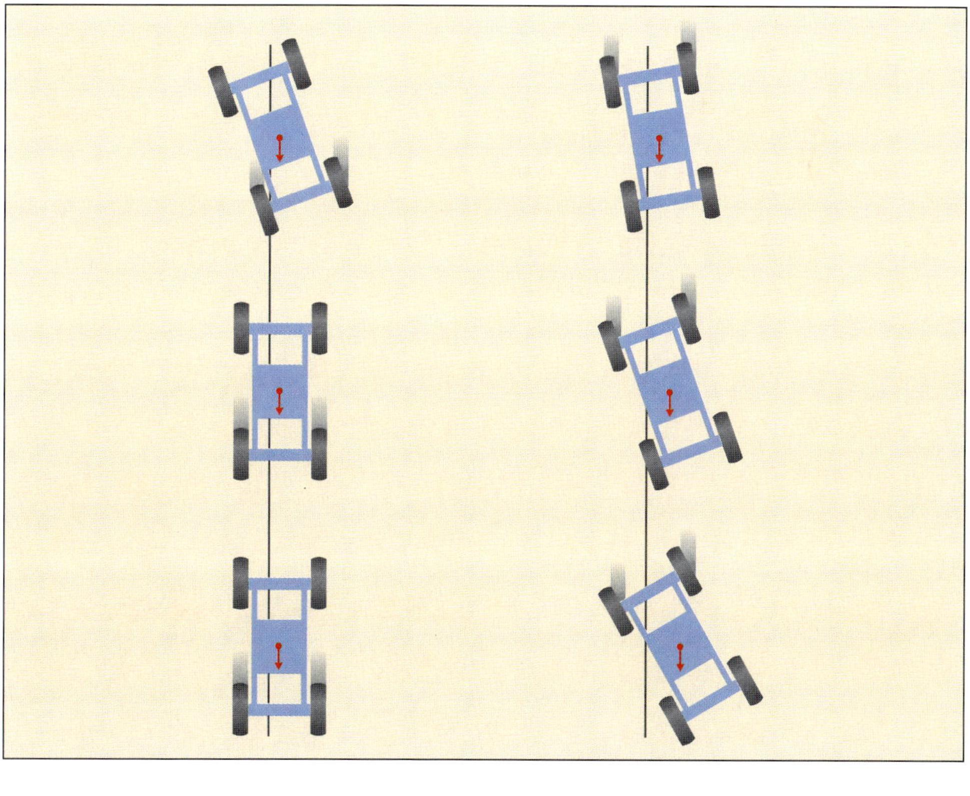

zuzufahren. Der Bremsweg ist dabei zwar kürzer, aber die Bremskraft wirkt voll in Fahrtrichtung. Weicht man vom geraden Weg ab und fährt eine Kurve, so dauert der Bremsvorgang länger. Nur ein Teil der Bremskraft wirkt jetzt in die Richtung der Mauer. Allerdings hängen diese Versuche noch von vielen andere Bedingungen, wie Unterlage, blockierenden Rädern usw. ab, so daß man dieses Experiment lieber nicht selbst machen sollte.

# 22

## Ungewöhnliche Fahrzeuge

### Das Kunststück:

Ein Fahrrad abzubremsen, erscheint auf den ersten Blick nicht schwer. Dafür gibt es Fahrräder mit Rücktrittbremse. Wenn die Fahrräder einen Freilauf haben, bremst man an den Felgen mit den Felgenbremsen ab. Dazu muß man jedoch immer die Hände am Lenker haben, denn nur hier lassen sich die Bremshebel betä-

tigen. Übrigens, eine Rücktrittbremse könnte man bei Rädern mit einer Kettenschaltung sowieso nicht benutzen. Wird der Tretarm rückwärts bewegt und löst dadurch die Bremsvorrichtung aus, klappt auch die Kettenschaltung zusammen, und das macht Probleme. Ein Erfinder wollte diese Probleme lösen und entwickelte eine Felgenbremse, die es erlaubt, auch mit den Tretarmen die Felgenbremsen zu betätigen. Wie beim Fahrrad mit Rücktrittbremse muß man nur nach hinten treten, um das Fahrrad abzubremsen. Das kann man sogar beim freihändigen Fahren tun.

### Das knoff-hoff

Das Geheimnis ist an der Drehachse des großen Zahnkranzes zu finden. Dort sind drei Sperrklinken angebracht, die schon bei geringster Rückwärtsbewegung einrasten und dann über einen Seilzug die Felgenbremsen in Aktion setzen.

Die Nabe des Hinterrads ist in diese Konstruktion nicht einbezogen und bietet weiterhin die Vorteile des Freilaufs und der leichten Bauweise. Wenn man das Fahrrad allerdings rückwärts schieben müßte, würden diese Sperrklinken auch einrasten. Um das zu vermeiden, werden die Sperrklinken so arrangiert, daß sie zwischen der Bremsbewegung mit dem Pedal und dem Rückwärtsdrehen des Drehlagers beim Rückwärtsschieben unterscheiden können. Im letzteren Fall rasten die Sperrklinken nicht ein und das Fahrrad kann wie gewohnt nach hinten geschoben werden, ohne daß das System bremst.

## Tricks und Tips:

Fahrradfahrer wollen nichts auslassen. Nachdem sie mit dem Mountainbike im Sommer die Berge verunsichern, soll das auch noch während des Winters möglich sein. Dieses Schneefahrrad besitzt einen Gummigürtel als Hinterrad und eine Kufe als Vorderrad. Der Antrieb erfolgt über das Hinterrad und ist dem eines Motorschlittens nachempfunden.

Diese Konstruktion soll die Fahrt durch den Schnee möglich machen. Der Gummigürtel wird herkömmlich – wie beim Fahrrad – durch Treten angetrieben, die querstehenden Balken

auf dem Gummiband greifen in den Schnee und bringen dieses „Fahrrad“ vorwärts. Der Traum des Erfinders ist es, damit Langläufern Konkurrenz zu machen.

Auch auf dem Wasser soll es eine Revolution geben. Der Nachteil beim Rudern – so dieser Erfinder – ist, daß man mit dem Rücken zur Fahrtrichtung sitzt. Mit einem Hebelsystem schafft er es, die Ruderbewegung so umzulenken, daß er wie herkömmlich rudert, aber dennoch in Fahrtrichtung sitzt.

Eine Vision ist es ja, sich nicht selbst an einen Ort begeben zu müssen, um beispielsweise etwas zu kontrollieren. Roboter – mit den entsprechenden Sensoren ausgerüstet – sollen das übernehmen. Mit Spezialrobotern kann man in Zukunft Röhren begehen. Dieser Roboter ertastet sich seine neue Umgebung in Röhrensystemen. Er besitzt keine optischen Sensoren. Seine sechs Beine erlauben es, in diesen Röhren emporzusteigen, und an ihnen befinden sich Berührungssensoren. Nach diesen Daten koordiniert der Roboter seine Bewegung mit einem eigenen Computerprogramm. Je nach den Gegebenheiten „lernt“ der Roboter , wie seine Umgebung aufgebaut ist. Nach einiger Zeit kann er sich selbständig durch das Röhrensystem bewegen. An seinen Füßen befinden sich Gummimanschetten, die ihm die nötige Haftung verleihen.

# 23

## Der unentschlossene Stab

### Das Kunststück:

Zwei Scheiben werden gleich stark mit einer Kurbel angetrieben und laufen dadurch gegeneinander. Was aber passiert, wenn man einen Holzstab auf die Scheiben legt? Wird der Stab nach links oder nach rechts fallen oder kann er etwa seine Position behaupten? Das Experiment zeigt, daß der Stab regelmäßig hin und her geschoben wird und das, obwohl sich die Räder gegenläufig nach innen drehen.

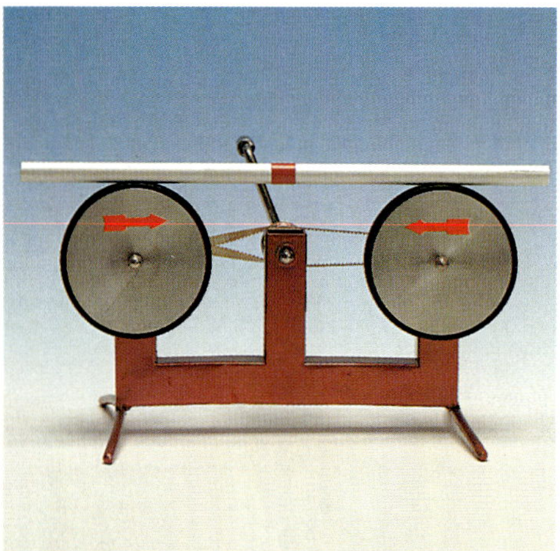

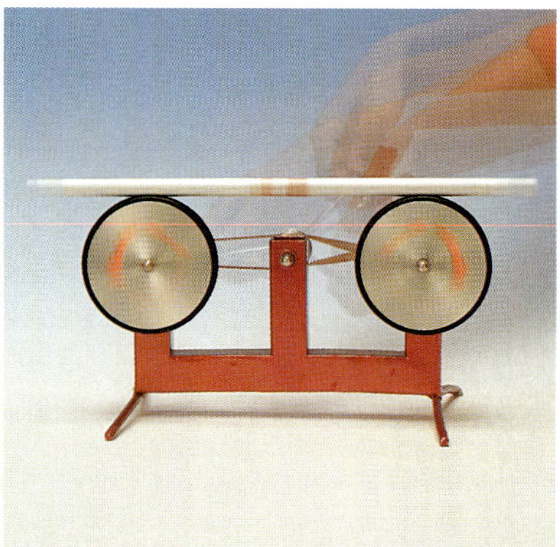

### Das knoff-hoff:

Aus anderen Experimenten wissen wir, daß die Reibung – und damit die Haftung des Stabes – vom Gewicht abhängig ist, mit dem er auf die Scheibe drückt. Je größer das Gewicht, um so stärker die Haftung. Wird der Stab auf die Scheiben gelegt, so belastet er die Scheiben zunächst unterschiedlich stark. Es wäre mehr als ein Zufall, wenn man es schaffen würde, den Stab genau mittig abzulegen. Das längere Ende des Stabes – gemessen von der Mitte der Scheibenanordnung – belastet mit seinem größeren Gewicht die Scheibe stärker. Also ist hier die Haftung größer als auf der anderen Scheibe. Der Stab wird demnach durch die Drehung der Scheibe zur Mitte geschoben. Jetzt gleitet er mit seinem längeren Ende auf die rechte Scheibe und belastet diese stärker. Dadurch wird hier die

Haftung größer als links und der Vorgang kehrt sich um: Der Stab bewegt sich nach links. Nun beginnt alles auf der anderen Seite von Neuem, so daß bei konstant drehenden Scheiben der Stab regelmäßig hin und her gleitet.

## *Tricks und Tips:*

Selbstverständlich gehen wir davon aus, daß die Oberfläche des Stabes mehr oder weniger homogen ist. Denn neben der Kraft auf die Unterlage ist die Reibung auch von den Materialeigenschaften abhängig.

Diesen Umstand nutzt man z. B. bei Reifen aus. Winterreifen sollen ja sehr griffig sein, damit das Auto nicht so leicht ins Rutschen kommt. Auch das erreicht man durch die Auswahl des richtigen Materials. Für Winterreifen wird eine Mischung angerührt, die für den Reifen ein weicheres Material liefert als bei Sommerreifen. Selbst bei niedrigen Temperaturen bleibt dieses Material weich und haftet deshalb besser auf dem Untergrund.
Das Experiment auf der Schräge zeigt diese Materialeigenschaft. Die beiden Scheiben sind gleich schwer, das Material, aus dem die Winterreifen sind, rutscht langsamer hinunter als das härtere Sommerreifenmaterial. Der Nachteil von Winterreifen ist jedoch, daß sie sich wegen des weicheren Materials schneller abfahren als die Sommerreifen. Bei schneefreien Straßen gegen Ende des Frühlings sollte man also schnell die Reifen wechseln.
Neben der Haftreibung gibt es aber noch eine andere Art von Reibung, die Gleitreibung. Diesen Unterschied merken wir alle beim Autofahren. Versucht man im Stehen die Lenkräder zu drehen, so geht das schwer. Läßt man das Auto etwas rollen, so wird die Reibung der Räder an der Straßenoberfläche deutlich kleiner.

Dieser Wechsel zwischen der größeren Haft- und der geringeren Gleitreibung wird bei der Erzeugung von Tönen ausgenutzt. Streicht man mit

einem Bogen über eine Geigensaite, so führt der Bogen die Saite wegen der Haftreibung zunächst mit. Dann wird die Auslenkung so stark, daß die Saite in die Ausgangslage zurückschnellt. Bei diesem Gleiten vermindert sich die Reibung, so daß die Saite mehrmals hin- und herschwingen kann und so den Ton abgibt. Verlangsamt sich die Schwingung, so wirkt wieder die Haftreibung, die dem Bogen erlaubt, die Saite mitzuführen und abermals auszulenken.

Auf diesem Prinzip beruht auch dieser einfache Geräuscherzeuger. Der Faden ist mit einer Papierfläche verbunden, die auf eine Pappröhre geklebt ist. Fährt man mit Daumen und Zeigefinger an dem Faden entlang, so ertönt eine Art Hühnergegacker. Noch besser geht das, wenn man die Finger mit Harz klebrig macht. Auch hier kommt es zu einem ständigen Wechsel von Haft- und Gleitreibung – und das wird so hörbar gemacht.

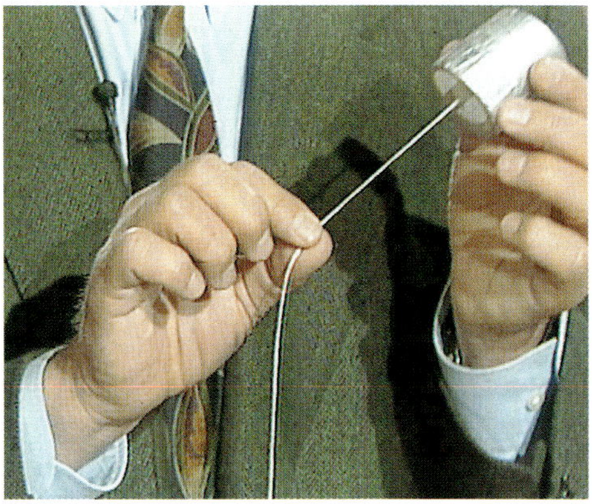

# 24

# *Der Stau aus dem Nichts*

## *Das Kunststück:*

Wenn Sand durch eine Röhre rieselt, so fließen die Sandkörner zunächst rasch nach unten ab. Kippt man aber mehr Sand in den Trichter, als sofort abfließen kann, ist etwas Merkwürdiges zu beobachten. In der Röhre beginnt der Sand ruckartig abzufließen, Ministaus entstehen, und bei einem Überangebot an Sandkörnern kommt es schließlich zum endgültigen Stillstand des Sandflusses in der Röhre. Die Sandkörner verklemmen sich und blockieren die Glasröhre. Ungewöhnlich ist die Ankündigung dieses Staus: ein vorheriges Pumpen. Dichtewellen laufen durch die Sandröhre. Und interessant ist es, daß dieses Experiment direkt etwas mit unseren Verkehrsstaus auf der Autobahn zu tun hat.

## *Das knoff-hoff:*

Beim Herunterfallen treffen die Sandkörner auf die Glaswand, werden reflektiert und prallen aufeinander – all das behindert ihren Fluß. Wenn es in der Röhre zu viele Sandkörner werden, kommt der Körnerfluß zum Stocken – es entsteht ein Ministau, der sich aber von selbst wieder auflöst, weil unten ja Körner abfließen. Diesen Stau aus dem Nichts kann man auch im voraus berechnen. Der Fluß, also die Zahl der Teilchen, die pro Zeiteinheit eine bestimmte Rohrlänge durchlaufen, hängt von der mittleren Geschwindigkeit der Teilchen und ihrer Dichte, d.h. der Anzahl der Teilchen pro Volumen- oder Flächeneinheit ab. Ist die mittlere Geschwindigkeit hoch, so laufen viele Teilchen pro Zeiteinheit durch die Röhre. Wenn bei konstantem Fluß die Dichte der Sandkörner größer wird, so muß die Geschwindigkeit abnehmen, damit derselbe Flußwert erreicht wird. Man muß bei einem optimalen Durchfluß also dafür sorgen, daß die Dichte der Teilchen nicht so hoch ist und bei steigender Dichte dann die Geschwindigkeit vermindert wird. Bei Sandteilchen ist die Berechnung ganz interessant, aber nicht von allzu hohem praktischen Wert.

Wichtiger ist es, daß diese Modellsituation auf den Autoverkehr übertragbar ist. Den einzelnen Sandkörnern würden dann die Autos entsprechen. Das individuelle Fahrverhalten der Autofahrer, vorsichtiges Abbremsen, mehr oder weniger dichtes Auffahren usw. korrespondiert mit den Zusammenstößen und der Wechselwirkung der Sandkörner untereinander. Und auch die mathematische Beschreibung des Verkehrsflusses kann von dem Sandkornexperiment übernommen werden. Der Verkehrsfluß F (die Zahl der Autos pro Zeiteinheit) ist abhängig von der Dichte D (der Zahl der Autos pro Flächeneinheit) und deren mittlerer Geschwindigkeit V. Beide Größen werden miteinander multipliziert: $F = D \times V$.

Geht man von einem konstanten, optimalen Verkehrsfluß F aus, so muß sich bei größer werdender Autodichte D die Geschwindigkeit V automatisch reduzieren. Damit bleibt ja das Produkt aus beiden Größen gleich. Wird die Autodichte zu groß, kommt es dann zu diesen Ministaus aus dem Nichts. Damit ist gemeint, daß nicht etwa ein Unfall diese Staus verursacht, sondern allein das größer werdende Verkehrsaufkommen die Ursache dafür ist. Übersteigt die Verkehrsdichte einen bestimmten Wert, so kommt es zum Superstau – nichts geht mehr. Wenn die Fahrzeuge an der Spitze des Staus wieder anfahren, dann funktio-

niert wieder dieses Wechselspiel zwischen Verkehrsdichte und Geschwindigkeit.

## *Tricks und Tips:*

Wenn diese Zusammenhänge theoretisch mit Formeln beschreibbar sind, so versucht man selbstverständlich auch, das Geschehen in der Praxis zu kontrollieren. Staus will man vermeiden, was jedoch bei der ständig wachsenden Zahl von Autos immer schwieriger wird. Nach der oben zitierten Formel muß man bei wachsender Autodichte die Geschwindigkeit niedriger halten, um den Verkehrsfluß aufrecht zu erhalten. Deshalb gibt es auf einigen stark befahrenen Autobahnstrecken automatisch arbeitende Geschwindigkeitsanzeigen. Gemessen wird die augenblickliche Autodichte, daraus wird die optimale Geschwindigkeit, die solche Ministaus vermeiden läßt, errechnet und angezeigt. Dahinter steckt die Idee: Wenn langsamer gefahren wird, können die Autos dichter auffahren, man kann sie dichter packen, weil ja der Sicherheitsabstand kleiner wird. Wie wirksam eine Geschwindigkeitsbegrenzung ist, zeigt, daß eine vierspurige Autobahn mit vorgeschriebenem Tempo 100 km/h die gleiche Aufnahmekapazität hat wie eine sechsspurige Autobahn ohne Tempolimit.

Diese Strategie hat allerdings ihre Grenzen, wenn die Zahl der Autos überwältigend groß wird – dann kommt der Verkehr vollständig zum Stillstand. Das Ergebnis ist der traditionelle Stau in der Urlaubszeit.

Alle Verkehrsleitsysteme haben eigentlich nur das eine Ziel: die Autos auf dem vorhandenen Straßennetz dichter zu packen. Abstandsradarsysteme für jedes einzelne Auto werden erforscht, um sie dichter auffahren zu lassen. Es gibt auch Versuche, die Autos sogar für bestimmte Strecken miteinander zu

verkoppeln, um sie wie einen Zug über die Straßen fahren zu lassen.

Mit der gemessenen Autodichte lassen sich auch Stauvorhersagen machen, wie z. B. in Wuppertal. Die Daten kommen zu einer Verkehrsleitzentrale – die Staugefahr wird berechnet, diese Informationen werden über Fernsehkanäle oder Radio weitergegeben. Für den besseren Verkehrsfluß ist es oft auch besser, den Verkehr kurzzeitig anzuhalten und dann wieder starten zu lassen. Die Entzerrung gelingt dann einfach besser. In New York werden solche Versuche bei einigen Manhattan-Tunnels gemacht.

Viele sind der Meinung, daß mehr Straßen die Verkehrsprobleme lösen würden – aber so einfach ist es nicht. In einer Computersimulation wurde eine neue Verbindungsstraße – im Bild von unten nach oben laufend – geschaffen. Das Ergebnis war, daß es in den Spitzenzeiten zu mehr Staus kam als vorher.

Die Ursache dafür ist, daß man nicht vorhersagen kann, welche Alternative in der Straßenführung die Autofahrer wählen werden. Die Fahrzeuge verteilen sich unvorhersagbar. So kann es passieren, daß die Mehrheit die falsche Straße wählt und der Stau dort unvermeidbar wird. In den Städten bleibt es jedenfalls ein guter Tip, die öffentlichen Verkehrsmittel zu benutzen.

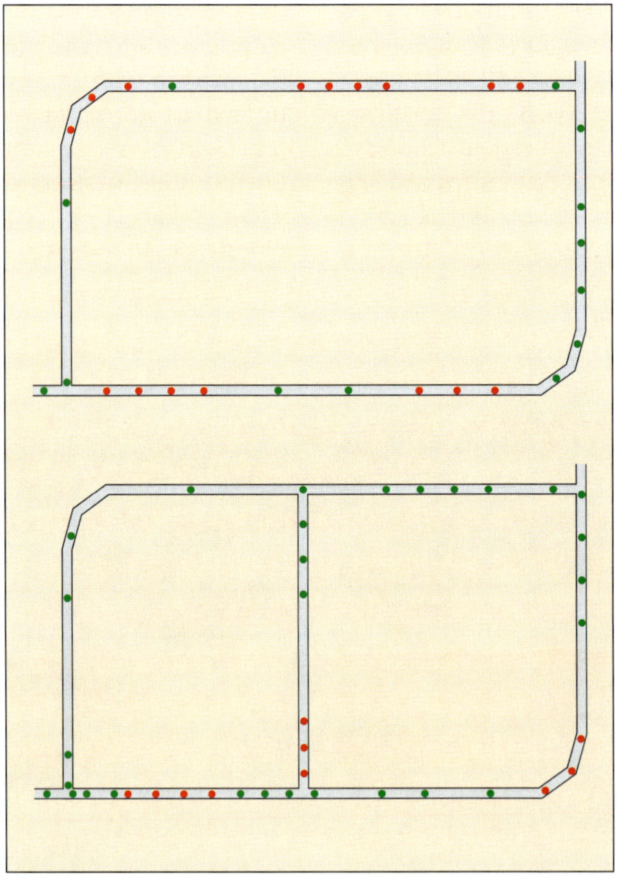

# 25

# Auf den Schwerpunkt kommt es an

## Das Kunststück:

Mit der Esoterikwelle gibt es immer mehr Menschen, die von sich behaupten, übernatürliche Kräfte zu besitzen. An dem Körper dieses jungen Mannes kleben Bügeleisen, eine Axt und ein Löffel. Er scheint die Gegenstände regelrecht anzuziehen und deshalb magische Kräfte zu besitzen. Muß man wirklich an so etwas glauben?

## Das knoff-hoff:

In unserem Experiment geht es um eine Demonstration, die zeigen soll, daß solche Kunststücke ihre einleuchtende Erklärung haben. Wenn man genau hinschaut, sieht man, daß der junge Mann etwas zurückgelehnt steht. Damit bietet er den an ihm haftenden Gegenständen eine gute Unterlage. Sie können mit ihrem Schwerpunkt hinter die senkrecht nach unten laufende Körperlinie gelangen und liegen deshalb relativ stabil auf. Der Hautschweiß, den jeder von uns absondert, hilft etwas dabei. Er bietet den Gegenständen eine klebrige Unterlage.

## Tricks und Tips:

Die richtige Verteilung des Gewichts ist auch bei diesem Boot wichtig, denn es ist aufklappbar. Sitzen die Passagiere so wie es sein sollte in der

Mitte, wird das Boot durch ihr Gewicht zusammengehalten – und wasserdicht. Verlassen sie diese Position, so klappt das Boot auseinander. Das Boot mit dem Scharnier ist beim Transport handlicher – allerdings schwebt über den Passagieren immer die Bedrohung, durch falsches Sitzen ins Wasser zu fallen.
Auch bei diesen zu einer Pyramide aufgestapelten Dosen sollte man auf die Verteilung des Gewichtes achten. Zieht man eine Dose aus dem oberen Bereich heraus, so fällt die Pyramide zusammen. Macht man das im unteren Bereich, so kann die Konstruktion das leicht verkraften. Die Erklärung: Das Gewicht der Dosen „schweißt“ die Dosen im unteren Bereich stärker zusammen als an der Spitze. Dort sind die Dosen nicht so gut verkantet, und so macht sich jede fehlende Dose sofort bemerkbar. Das fragile Gebilde stürzt zusammen und reißt die anderen Dosen mit.

# 26

## Das Atom in der Falle

### Das Kunststück:

In dieser Anordnung schwebt Aluminiumstaub, der mit rotem Laserlicht beleuchtet wird. Das Aluminium wird mit Hilfe von elektrischen Wechselfeldern in einer schwebenden Position gehalten. Das ist keine leichte Aufgabe, weil die Felder nicht konstant sein können, sondern sich ständig verändern müssen, um die Teilchen festhalten zu können. Ursprünglich wurde diese „Falle" entwickelt, um einzelne elektrisch geladene Atome – die Ionen – einfangen und untersuchen zu können. Diese Falle ist nach dem deutschen Physiker Wolfgang Paul benannt, der für seine Atomfalle 1989 den Nobelpreis bekam.

### Das knoff-hoff:

Die Ionen werden mit Hilfe sich ändernder elektrischer Felder, die überdies rotieren, eingefangen und in der Schwebe gehalten. Wichtig ist dieses Verfahren, um Messungen an einzelnen Atomen durchführen zu können. Hier sind vor allem die Umlaufbahnen

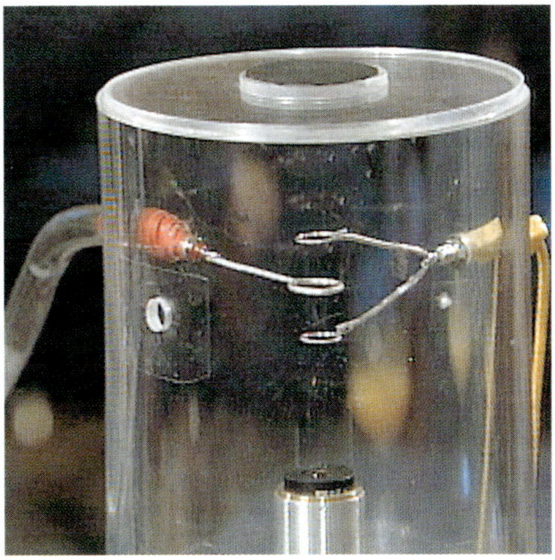

*Links: Ein mechanisches Modell der Paul-Falle*

der Elektronen um den Atomkern interessant. Man kann ein Atom energetisch anregen, indem man z. B. ein Elektron auf eine höhere Umlaufbahn bringt. Das kann durch den Zusammenstoß von Atomen erreicht werden. Nach einiger Zeit fällt das angeregte Elektron auf die ursprüngliche Bahn zurück und gibt dabei die vorher aufgenommene Energie als Licht ab. Der Abstand der Elektronenbahnen bestimmt die Wellenlänge und damit

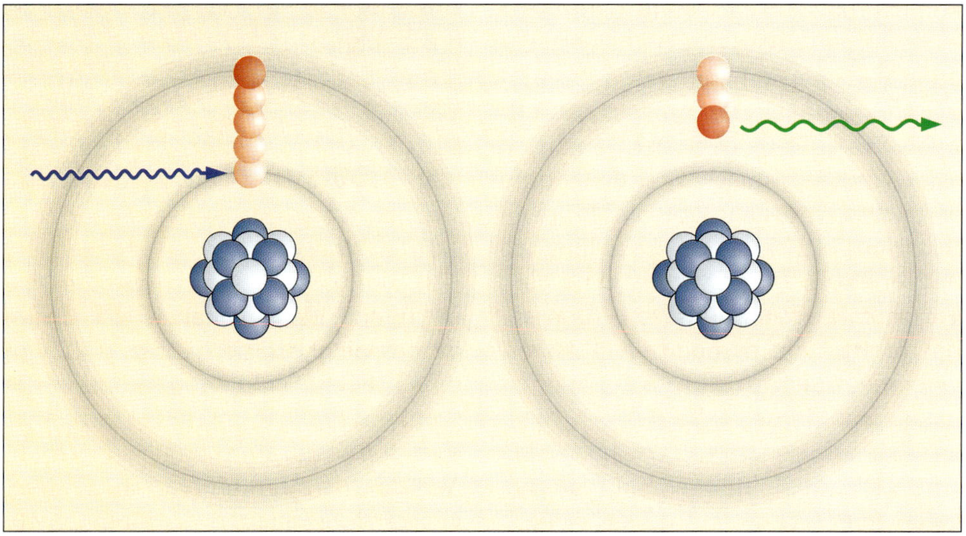

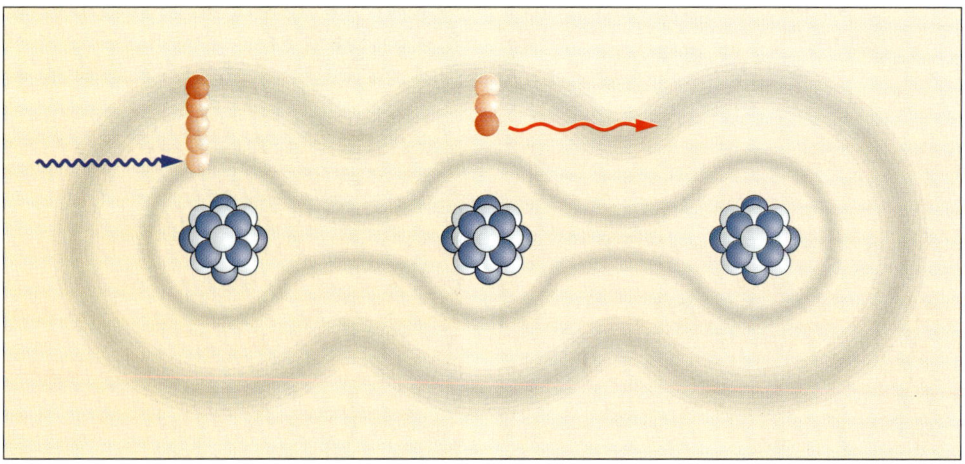

die Farbe dieses Lichtes. Je mehr Energie hineingepumpt wird, desto größere Abstände in den Umlaufbahnen können von den Elektronen überwunden werden. Beim Herunterfallen wird dabei Licht einer besonders kurzen Wellenlänge – im Blaubereich also – abgestrahlt.

Nur – in der Natur finden sich selten einzelne Atome, an denen sich unverfälscht diese Energieniveaus messen ließen. Im festen Kristallverband z. B. wird der Abstand dieser Umlaufbahnen durch die Wechselwirkung der Atome untereinander verändert. Wie könnte man also die exakten Abstände – ohne Beeinflussung durch Nachbaratome – messen? Eine Möglichkeit wäre es, das Material zu erhitzen, bis es gasförmig ist. Durch die heftige Temperaturbewegung lösen sich die Atome aus dem Kristallverband, aber neue Schwierigkeiten treten auf: Die Meßergebnisse werden nämlich durch die Wärmebewegung verfälscht. Das abgestrahlte Licht des einzelnen Atoms verschiebt sich durch die Bewegung des Atoms (Dopplereffekt).

Die Paulfalle jedoch erlaubt die Untersuchung eines einzelnen Atoms ohne diese Verfälschung. Auf den Bildern kann man sehen, wie zunächst vier und schließlich ein einzelnes Atom Licht abgeben. Dazu wurden die Atome ionisiert, damit sie überhaupt von den elektrischen Feldern gehalten werden können, dann wurden sie mit einem Laser angeregt. Beim Herunterfallen des angeregten Elektrons wird das Licht abgestrahlt. Um die Ergebnisse noch genauer zu machen, wird das Ion zusätzlich „gekühlt", so daß die Eigenbewegung des eingefangenen Ions sehr klein ist und die Verschiebung durch den Dopplereffekt klein gehalten werden kann.

Eine berechtigte Frage ist sicher, warum solche genauen Messungen so wichtig sind. Einmal kann man damit Theorien über die Vorgänge im Atom bestätigen, es gibt aber auch ganz handfeste praktische Anwendungen – bei den Atomuhren zum Beispiel. Die Frequenzen des Lichtes der atomaren Übergänge dienen hier als Taktgeber oder Zeitmaß. Von Vorteil ist, daß alle gleichartigen Atome dieselben Frequenzen zeigen, unabhängig davon, wo sie sich befinden. Bei mechanischen Uhren ist das nicht so, sie hängen z. B. von der Gravitation ab, die ja auf der Erde nicht überall gleich ist. Atomuhren sind weitaus genauer als andere. Mit der Atomfalle und der entsprechenden Kühltechnik könnten Atomuhren entwickelt werden, die während der bisherigen Existenz des Universums von 15 Milliarden Jahren nur eine Abweichung von einer

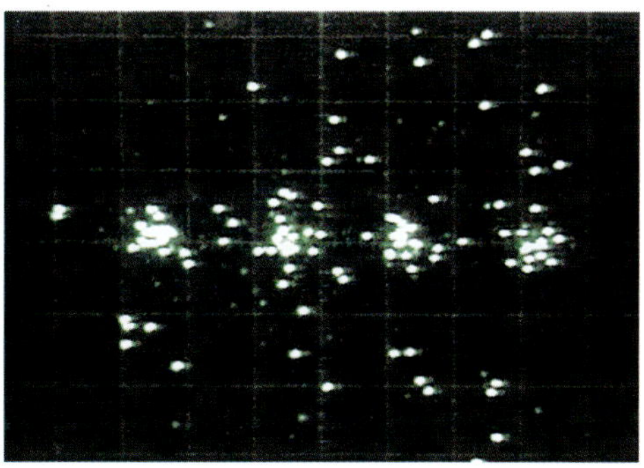

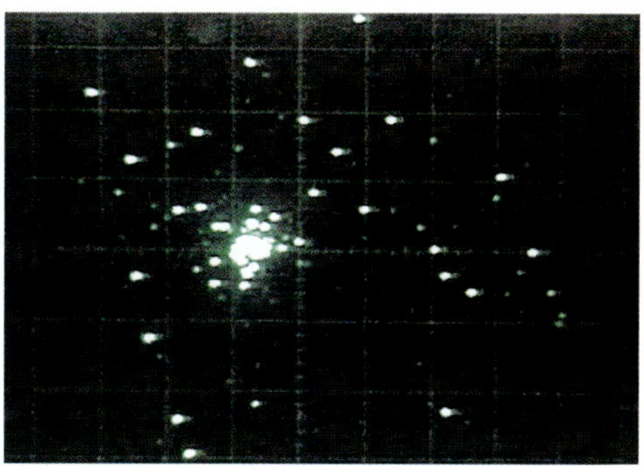

Sekunde zeigen würden. Wichtig sind solche supergenauen Uhren z. B. in der Nachrichtentechnik. Im digitalen Netz kann man die Informationseinheiten durch genaueres „Takten" viel dichter packen.

## *Tricks und Tips:*

Es ist ein intensiv bearbeitetes Forschungsgebiet der Festkörperphysik, die Energieabstände für die Lichterzeugung auszunutzen. Bekannt sind die Leuchtdioden LED (light emitting diodes). Hier werden durch elektrische Spannungen Elektronen auf höhere Energieniveaus gebracht, die dann beim Herunterfallen Licht, das dieser Energiedifferenz entspricht, abstrahlen. Im Festkörper verschmelzen die Umlaufbahnen der Elektronen um den Atomkern zu sogenannten Energiebändern.
Besonders beeindruckend ist es, wenn an die winzigen Halbleiterwürfel eine elektrische Spannung mit Hilfe einer Nadelelektrode gelegt wird

und die Würfel dann in unterschiedlichen Farben aufleuchten. Anders als in den Drähten einer Glühbirne wird der angelegte elektrische Strom mehr oder weniger direkt in Licht umgewandelt. Er hebt Elektronen kurzzeitig auf ein höheres Energieniveau, und beim Herunterfallen strahlen sie dann das Licht ab. Diese Leuchtdioden besitzen eine hohe Lebensdauer: 100.000 Stunden, das bedeutet bei einem 24-Stunden-Einsatz elf Jahre Leuchten mit konstanter Helligkeit. Anders als bei Glühlampen muß man auch nicht mit Farbfiltern arbeiten, um farbiges Licht zu erzeugen. Solche Filter bedeuten letztendlich einen Energieverlust. Die unterschiedlichen Farben werden bei den LED durch Kombinationen der Materialien auf Galliumbasis erreicht. Galliumphosphid gibt grünes Licht ab, Galliumarsenid leuchtet in Rot und Infrarot. Die Kombinationen der Materialien haben unterschiedliche Energieniveaus für die Elektronen zur Folge – und damit die Verschiedenheit in der Wellenlänge des abgestrahlten Lichts.

Lange Zeit war ungelöst, wie man zu blauem Licht kommen könnte. Dieses Ziel wollte man unbedingt erreichen, denn Rot, Grün und Blau ergeben Weiß – eine Farbkombination, die z. B. für einen flachen, farbigen Bildschirm unerläßlich wäre. Leistungsstarke blaue Lichtquellen auf LED-Basis bieten aber noch andere Vorteile. Blaues Licht besitzt ja eine kurze Wellenlänge (um die 400 Nanometer, das sind 400

Millionstel Millimeter). Damit wäre es z. B. möglich, die Speicherdichte auf einer CD um das Vierfache zu erhöhen. Kurzwelliges Licht besitzt wegen der kurzen Wellenlänge nämlich eine bessere Auflösung als das langwellige rote Licht. Man kann die Daten dichter packen und mit blauem Licht dennoch exakt auslesen. Mit dieser hohen Speicherdichte ließen sich dann auch Bild-CDs wirtschaftlich realisieren. Für die blaue LED muß man die Energielücke im Halbleiter entsprechend vergrößern. Infrarotes Licht besitzt eine Wellenlänge von 850 Nanometern. Will man blaues Licht mit 450 Nanometern haben, so muß der Energieabstand in der LED verdoppelt werden. Die Festkörperphysiker haben die unterschiedlichsten Halbleitermaterialien gezüchtet, um diesen Bandabstand zu erreichen. Schließlich gelang es, eine blau emittierende Halbleiterdiode zu erhalten, die auf Galliumnitrid-Basis mit entsprechenden Verunreinigungen (Indium) hergestellt wurde. Mit dem Blau ist es jetzt auch möglich, weißes Licht zu erzeugen. Dabei werden die drei Grundfarben

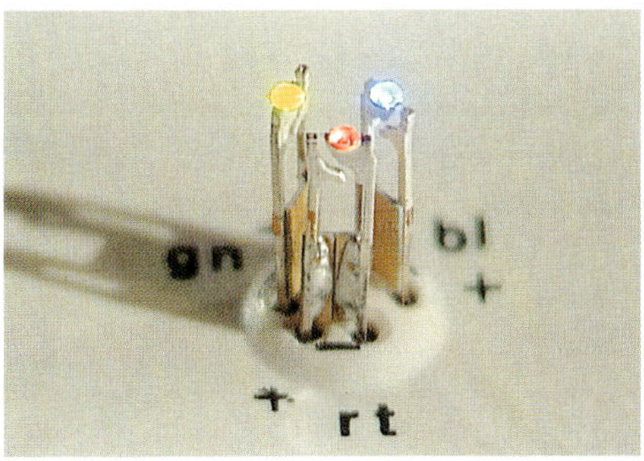


Rot, Grün und Blau über eine Streulinse einfach gemischt.

Es gibt noch eine weitere Möglichkeit, blaues Licht zur Erzeugung von weißem zu benutzen. Dabei wird eine Substanz zum Leuchten angeregt.

Diese Substanz wird über die blaue Leuchtdiode gelegt, die Mischfarbe ergibt dann weiß. Das blaue Licht bringt in dem Material Elektronen in einen angeregten Zustand. Fallen die Elektronen auf das ursprüngliche Energieniveau zurück, so strahlen sie fast weißes Licht ab.

# 27

# Der leuchtende Schwefel

## Das Kunststück:

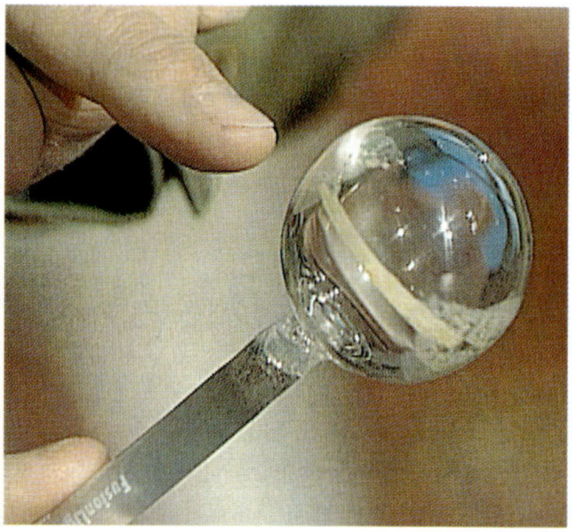

Daß man mit Schwefel auch elektrische Lampen betreiben kann, klingt sehr ungewöhnlich, ist aber möglich. In dieser Glaskugel befindet sich Schwefelpulver. Die Kugel wurde evakuiert, dann mit dem gelben Schwefel und etwas Edelgas versetzt und luftdicht abgeschlossen. In dem Kasten unter der Kugel befindet sich ein Mikrowellenerzeuger, vergleichbar mit dem in einem Mikrowellenherd. Das Metallgitter dient als Schutz vor den Mikrowellen und als Faraday-Käfig. Schaltet man die Mikrowelle an, so entsteht ein grelles Licht, das mit

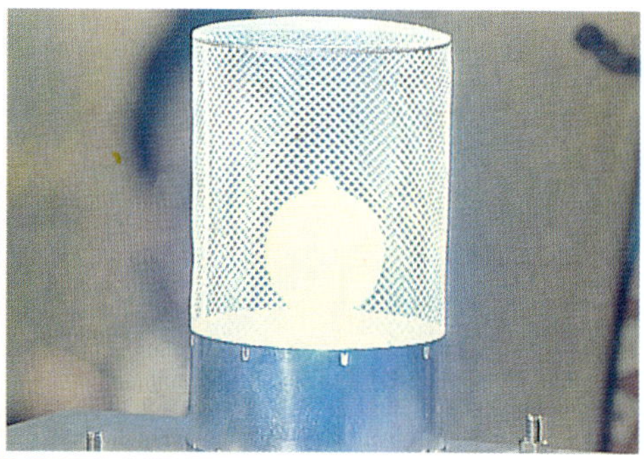

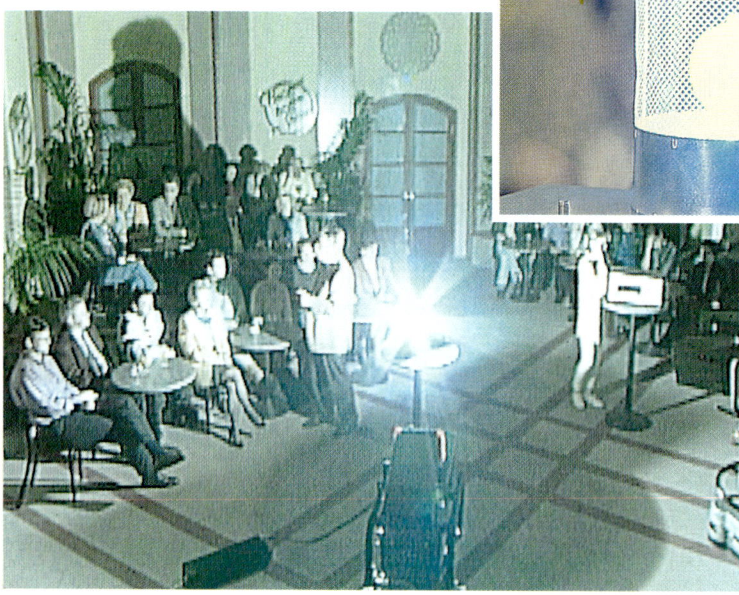

bloßen Augen kaum zu ertragen ist. Es wird ein Licht abgestrahlt, das etwa 90 konventionellen 100-Watt-Birnen entspricht. Schaltet man die Mikrowellen aus, so sieht man einen bräunlichen Nebel, der sich in der Glaskugel absetzt. Wie kann man so viel Licht mit Schwefel und Mikrowellen produzieren?

## Das knoff-hoff:

Die Mikrowellen erhitzen das Gemisch aus Schwefel und dem Edelgas. Durch die Wärme entsteht ein Plasma. Die Atome bewegen sich heftig, stoßen zusammen, dadurch werden Elektronen auf höhere Energieniveaus gehoben. Sie fallen nach einiger Zeit zurück und strahlen dabei Licht ab. Diese Art, Licht zu erzeugen, ist energiesparend. Für die hineingesteckte elektrische Energie erhält man eine sehr hohe Lichtausbeute – obwohl der Glaskolben sich auf 1000 Grad Celsius erhitzt und zur Kühlung ständig in Rotation gehalten werden muß. Diese Lichterzeugung ist energiesparender als die mit einer Leuchtstoffröhre. Hier werden zwischen zwei Elektroden Elektronen beschleunigt, die auf ein Gemisch aus Quecksilberdampf und einem Edelgas treffen. Die Quecksilberatome werden angeregt und beginnen schwach im sichtbaren Bereich zu leuchten. Der größte Teil der dadurch erzeugten Strahlung bleibt für unser Auge unsichtbar, weil sie im ultravioletten Bereich liegt. Damit daraus für uns eine Lichtquelle wird, beschichtet man die Röhre von innen mit einem Material, das die UV-Strahlen aufnimmt. Dabei werden wiederum Elektronen angeregt. Beim Herunterfallen auf das niedrigere Energieniveau wird dieses Mal sichtbares Licht abgestrahlt. Mit der Wahl dieses Leuchtstoffes hat man auch die Farbe der Röhre im Griff. Man kann sie mehr rötlich oder bläulich gestalten. Neuerdings induziert man auch über außen angebrachte Metallringe ein Magnetfeld in das Quecksilbergas und löst so die elektrische

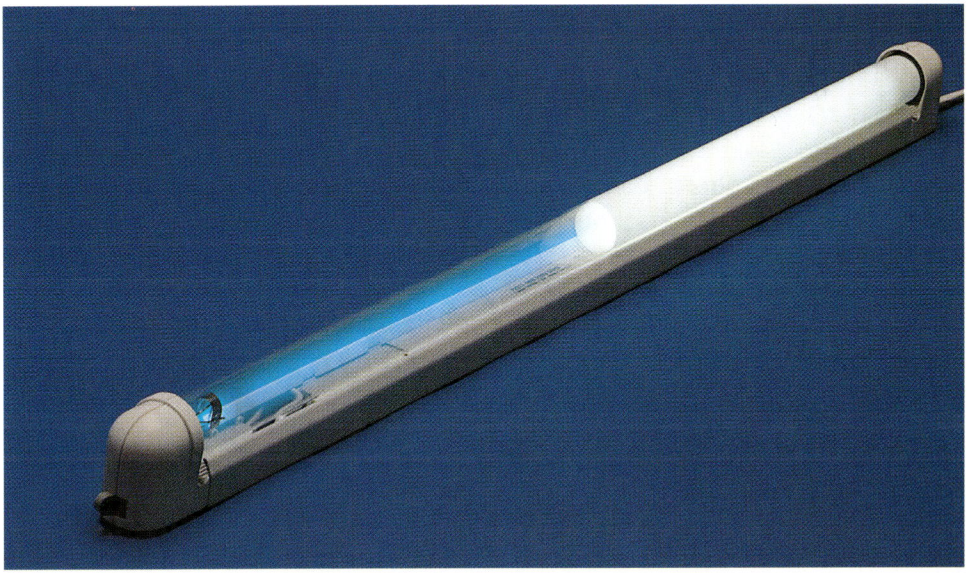

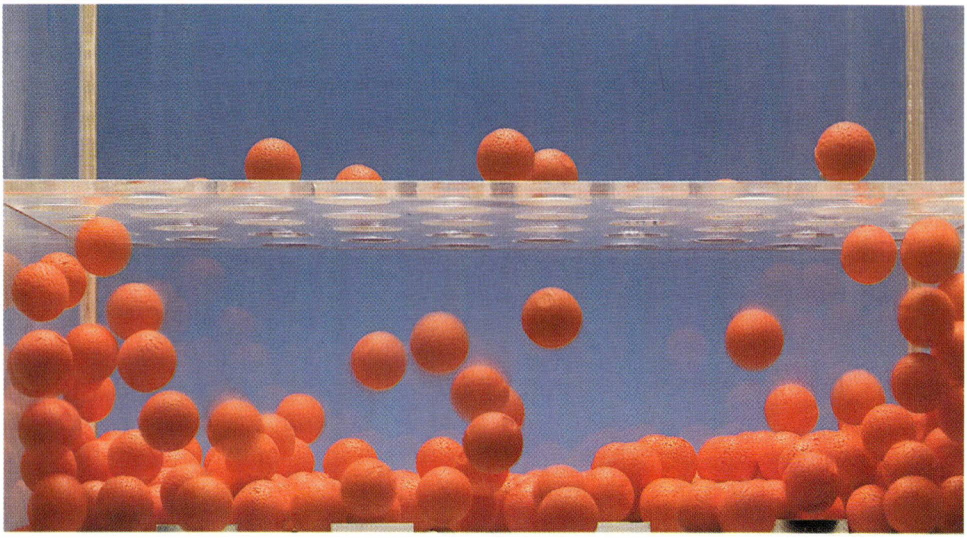

Entladung aus. Diese „Außenelektroden“ haben eine längere Lebensdauer, im Gegensatz zu den innen angebrachten Elektroden herkömmlicher Leuchtstoffröhren, die sich im Laufe der Zeit abnutzen.
Bei den neuen Schwefellampen ist das Problem, daß sich die Helligkeit nicht regeln läßt. Eine Lösung dafür ist, mit Lichtleitsystemen das grelle Licht über große Räume zu verteilen. Das wird heute schon in einigen Versuchsobjekten gemacht. Eine andere Möglichkeit wäre, die Lichtausbeute per Elektronik zu regeln. Aber dabei sinkt auch die Lichtausbeute bezogen auf die hineingesteckte elektrische Energie.

## Tricks und Tips:

Heute versucht man nahezu alles zum Leuchten zu bringen. Was man dazu machen muß ist, Materialien zu finden, in denen sich Elektronen auf ein höheres Energieniveau heben lassen. Sie müssen dort etwas verweilen, dann wieder auf ein niedrigeres Energieniveau herabfallen und dabei die aufgenommene Energie als Licht abstrahlen. Das Tischtennismodell macht deutlich, wie das im Prinzip funktioniert. Ein Gebläse bringt die Bälle auf das höhere Energieniveau. Die Bälle fallen nach einiger Zeit durch die Löcher nach unten und strahlen dann – im atomaren Bereich als Elektronen – Licht ab. Das Gebläse soll die angelegte elektrische Spannung symbolisieren.
In letzter Zeit hat man auch Kunststoff-Folien entwickelt, die nach diesem Prinzip arbeiten. Dazu wird Zinksulfid auf eine Folie gebracht. Dieses Pulver wird mit einer Klebeschicht sorgfältig über die Fläche verteilt. Darüber legt man eine durchsichtige Gegenelektrode aus Kunststoff. Der Kunststoff

leuchtet hier nicht selbst, sondern garantiert nur die Flexibilität der Leuchtfläche. Um das Zinksulfid zum Leuchten zu bringen, muß man eine relativ hohe Spannung anlegen – etwa 200 Volt. Der Vorteil ist, daß man dadurch großflächige Elemente zum Leuchten bringen kann. Versetzt man das Zinksulfidpulver mit Farbstoff, so kann man auch andere Farben als blau erzielen. Außerdem lassen sich diese Folien in beliebige Formen zerschneiden, ohne dabei ihren Leuchteffekt zu verlieren. Möglich ist das durch die durchgehende Beschichtung mit einem elektrisch leitenden Material, das die elektrische Spannung über die gesamte Fläche verteilt.

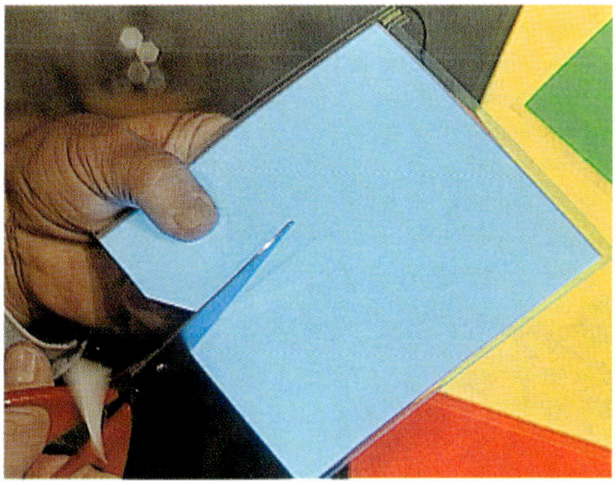

Aber auch einige Kunststoffe zeigen Halbleitereigenschaften und können mit einer angelegten niedrigen elektrischen Spannung wie ein LED leuchten. Der Vorteil ist hier, daß sich der flüssige, durchsichtige Kunststoff mit Hilfe einer Maske gezielt über eine Fläche verteilen läßt. Wird die Spannung angelegt, so beginnt er zu leuchten. Der Nachteil ist, daß sich diese Leuchtfähigkeit schon nach einigen Betriebsminuten wieder verliert.

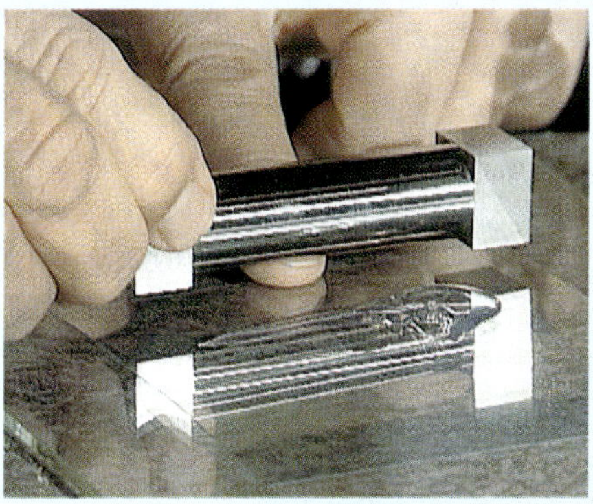

# 28

# *Die Kraft des Schalls*

## *Das Kunststück:*

In einem leeren Karton kann noch einige Power stecken. Auf der einen Seite ist ein Loch hineingeschnitten – die Kanten des Kartons sind mit Klebeband verstärkt. Drückt man den Karton kurz zusammen, ist der austretende Luftstrom so stark, daß man ein Bündel aus Papierstreifen schweben lassen oder auf einmal alle Kerzen einer Geburtstagstorte ausblasen kann.

## *Das knoff-hoff:*

Die Luft wird aus dem Karton regelrecht herausgewirbelt. Legt man eine Räucherkerze in den Karton, so kann man damit elegant Rauchringe produzieren. Diese Druckwellen, die durch das Schlagen auf den Karton entstehen, können Turbulenzen erzeugen, so daß in ihnen die Kerzenflammen erlöschen. Solche Druckwellen transportieren auch einiges an Energie, und das kann man ausnutzen, wie das folgende Experiment zeigt.

## *Tricks und Tips:*

Schallwellen sind ja nichts anderes als Druckschwankungen in der Luft, die vom Trommelfell des Ohrs registriert werden. Mit Ultraschall lassen sich dabei auch erhebliche Energien weitergeben. Ultraschall sind Wellen, die mehr als 20 000 mal pro Sekunde schwingen. Solche Ultraschallfelder führen zu einem Experiment, dessen Erklärung heute noch weitgehend im Dunklen liegt. In einem Gefäß mit Wasser werden Ultraschallwellen auf einen ausgewählten Bereich konzen-

triert. Dann injiziert man mit einer Spritze eine Luftblase. Die Luftblase beginnt im Takt der Ultraschallwellen zu schwingen – und das geht rasend schnell. Wird die Blase von den Schallwellen so stark zusammengedrückt, daß sie zusammenbricht, kann man plötzlich kleine Blitze sehen.

Diese Sonolumineszenz ist für Forscher deshalb aufregend, weil sie dafür noch keine einleuchtende Erklärung haben. Eine Idee ist, daß durch die konzentrierte Energie im Ultraschallwellenfeld die Moleküle zum Leuchten angeregt werden – durch Hochpumpen von Elektronen auf ein höheres Energieniveau. Beim Herab-

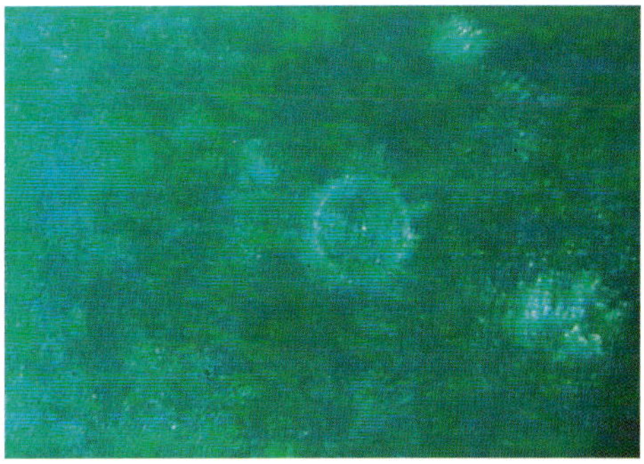

fallen geben sie diese Energie in Form von Licht ab. Andere Forscher bevorzugen quantenmechanische Effekte als Erklärung, können aber nicht genau sagen, wie das gedacht ist. Die abgestrahlte Lichtintensität läßt sich vergrößern, wenn man mit der Luftblase verschiedene Edelgase injiziert. Weil das alles so geheimnisvoll ist, haben sich auch Spielfilmautoren damit beschäftigt. In ihrer Phantasie ist dieses Phänomen der Schlüssel für eine neue Energiequelle. Aber die Blasen sind in der Wirklichkeit äußerst klein, die

Lichteffekte sehr dürftig und kaum zu sehen. Allein die theoretische Grundlage für dieses Leuchten durch Ultraschall ist interessant.

# 29

# Wellen ohne Hindernis

## Das Kunststück:

Wenn man im Wasser Wellen beobachtet, so sieht man, wie diese Wellen normalerweise immer schwächer werden. Die Wellenberge werden niedriger und breiter – sie zerfließen regelrecht. Aber auch hier gibt es in der Natur Überraschungen. Unter bestimmten Umständen kann so ein Wellenberg kilometerweit einen Kanal mit Leichtigkeit entlang laufen, ohne daß er sichtbar schwächer wird. Diese Beobachtung machte ein schottischer Wissenschaftler bereits im 19. Jahrhundert. Er ging diesem Phänomen nach – nein, er ritt ihm nach, denn es faszinierte ihn derart, daß er mit seinem Pferd sehr häufig diese erstaunlichen Wellen am Kanal zwischen Edinburgh und Glasgow verfolgte.
Heute kann man ein solches Experiment im Studio nachmachen, weil man die Bedingungen kennt, unter denen diese speziellen Wellen entstehen. Man nennt sie auch Solitonen, einzelne Wellenpakete, die – ohne zu zerfließen – sehr lange Strecken zurücklegen. Weshalb aber bleiben diese Solitonen so kompakt zusammen, wenn sie durch das Wasser gleiten?

## Das knoff-hoff:

Wenn man Wellen auf dem Wasser beobachtet, so gibt es zunächst einen großen Wasserberg, z. B. wenn ein Stein ins Wasser geworfen wird. Dieser Wasserberg verbreitert sich, der Berg wird kleiner, zerfließt und schließlich sieht man kaum noch eine Bewegung auf der Wasseroberfläche. Die Ursache dafür ist, daß ein solches Wellenpaket aus Wellen mit unterschiedlichen Wellenlängen zusammengesetzt ist. Die Ausbreitungsgeschwindigkeit der Wellen ist abhängig von der Wellenlänge. Wellen mit

größerer Wellenlänge laufen schneller durch das Wasser als solche mit kürzeren Wellenlängen. Die Wellenlänge gibt den Abstand zwischen zwei Wellenbergen an.
In diesem Experiment werden zwei Wellen durch zwei Tupfer erzeugt, die in regelmäßigen Abständen die Wasseroberfläche berühren. Der linke Tupfer macht das in kürzeren Abständen als der rechte und erzeugt so Wellen mit kürzerer Wellenlänge. Durch geschickte Beleuchtung erscheinen die Wellenberge auf dem Wasser als Lichtbalken und lassen sich so gut verfolgen. Man kann nun beobachten, daß die Wasserwelle mit der größeren Wellenlänge – also dem größeren Lichtstreifenabstand – schneller durch das Wasser läuft als die mit der kleineren Wellenlänge. Weil nun ein Wellenpaket in der Natur nicht nur aus Wellen mit einer bestimmten Wellenlänge besteht, sondern aus einem Gemisch

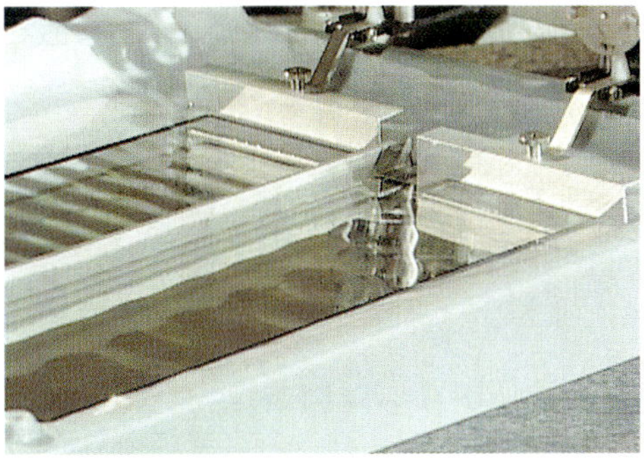

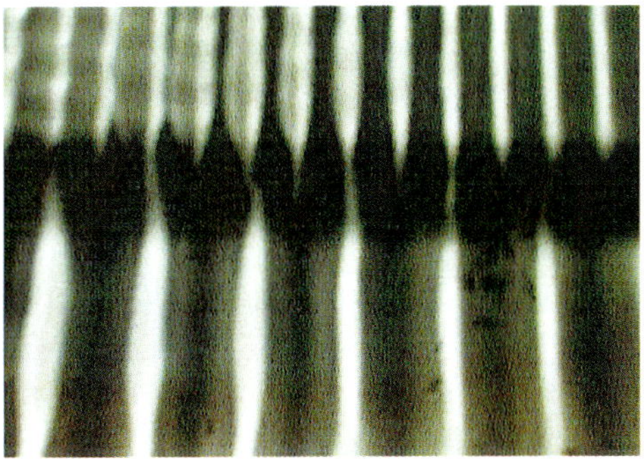

von Wellen mit unterschiedlicher Wellenlänge zusammengesetzt ist, zerfließt dieses Wellenpaket. Denn einige Wellen in ihm laufen schneller – andere wiederum langsamer. Aber auch dafür gibt es Ausnahmen.
Eine solche Ausnahme entdeckte der Schotte J. Scott Russell 1834 auf dem Kanal. Unter bestimmten Umständen können die Wellenpakete zusammenbleiben. Dafür müssen einige Voraussetzungen erfüllt sein. Es spielen dabei z. B. die geometrischen Abmessungen des Kanals – Breite und Tiefe – eine wichtige Rolle. Sind diese Voraussetzungen erfüllt, so hängt die Ausbreitungsgeschwindigkeit der Welle neben der Wellenlänge auch noch von ihrer Amplitude – also der Höhe der Wellenberge – ab. Und bei bestimmten Wellenpaketen können beide Abhängigkeiten so zusammenwirken, daß sie sich aufheben. Das heißt: Bei entsprechender Amplitude nimmt die Wellengeschwindigkeit der Welle mit der größeren Wellenlänge ab, während die mit der kürzeren Wellenlänge an Geschwindigkeit zunimmt. Sind diese Voraussetzungen erfüllt, so zerfließt das Wellenpaket, das sich aus unterschiedlichen Wellen zusammensetzt, nicht. Und dieses Entdeckerglück hatte der schottische Wissenschaftler, als er die durch Boote auf dem Kanal ausgelösten Wellen beobachtete.
Wir können solche Solitonen unter kontrollierten Bedingungen im Studio erzeugen. In unserem Tank benutzen wir eine bestimmte Wasserhöhe. Die Abmessungen des Tanks sind so gewählt, daß diese speziellen Wellenpakete entstehen können. Die Welle wird durch das Hochziehen eines Schiebers ausgelöst. Das hinzukommende Wasser bildet das Wellenpaket. Es wird an der Gegenwand reflektiert und läuft

mehrmals durch den Wellenkanal – ohne seine Form zu verändern. Interessant ist auch zu beobachten, wenn zwei Solitonen aufeinander zu laufen. In unserem Tank durchdringen sie sich und laufen ungestört weiter. Ein schier unglaubliches Verhalten.

## Tricks und Tips:

Wenn diese Wellenpakete so stabil sind, läßt sich erahnen, wo man sie anwenden will: in der Nachrichtentechnik. Dort kommt es darauf an, Informationen mit Hilfe von Wellen zu übertragen. Nicht an Wasserwellen ist man dabei interessiert, sondern an elektromagnetischen Wellen. Aber viele Eigenschaften, die man aus dem Verhalten mechanischer Wellen herauslesen kann, lassen sich auch auf die elektromagnetischen Wellen übertragen. Licht ist eine elektromagnetische Welle, und mit Licht lassen sich Nachrichten übertragen. Diese elektromagnetischen Wellenpakete laufen in Glasfaserlichtleitern – so ähnlich wie in dieser Glasfaserlampe. Aber auch bei ihnen hat man den Nachteil, daß sie nach einer bestimmten Distanz so außer Form gekommen – also zerlaufen – sind, daß man sie regenerieren muß. Denn im Wellenpaket steckt ja die verschlüsselte Information. Bei schlechter Qualität muß das elektronische Verstärken alle 50 bis 100 km geschehen, bei sehr modernen Kabeln erst nach 400 km. Bedenkt man, daß die Kontinente durch Glasfaserkabel verbunden sind und dabei mehrere Tausend Kilometer überbrückt werden, kann man erahnen, welcher Aufwand bei dieser Verstärkung der Signale getrieben werden muß.

Übrigens ist das Glasfasernetz bei wachsendem Bedarf und in puncto Verläßlichkeit auch im Satellitenzeitalter aus der Informationstechnik nicht wegzudenken. Ein Vorteil wäre, daß die Wellenpakete, die die Informationen mit sich tragen, nicht zerfließen würden und so unverfälscht ihren Bestimmungsort erreichen könnten. Dieses Experiment im klaren Sirup deutet an, was damit gemeint ist. Siruptropfen, die leichter und anders gefärbt sind als der umgebende Sirup, laufen

nach oben. Ihre Form bleibt dabei erhalten, selbst wenn ein kleinerer Tropfen einen größeren überholt – also durch ihn fließt –, bleibt dieses Paket stabil und läuft unverzerrt weiter. Wenn die Bedingungen, unter denen das geschieht, erforscht sind, kann man vielleicht auch einige dieser Ergebnisse auf elektromagnetische Wellenpakete übertragen und so später einmal die Übertragung in Glasfaserleitern optimieren.

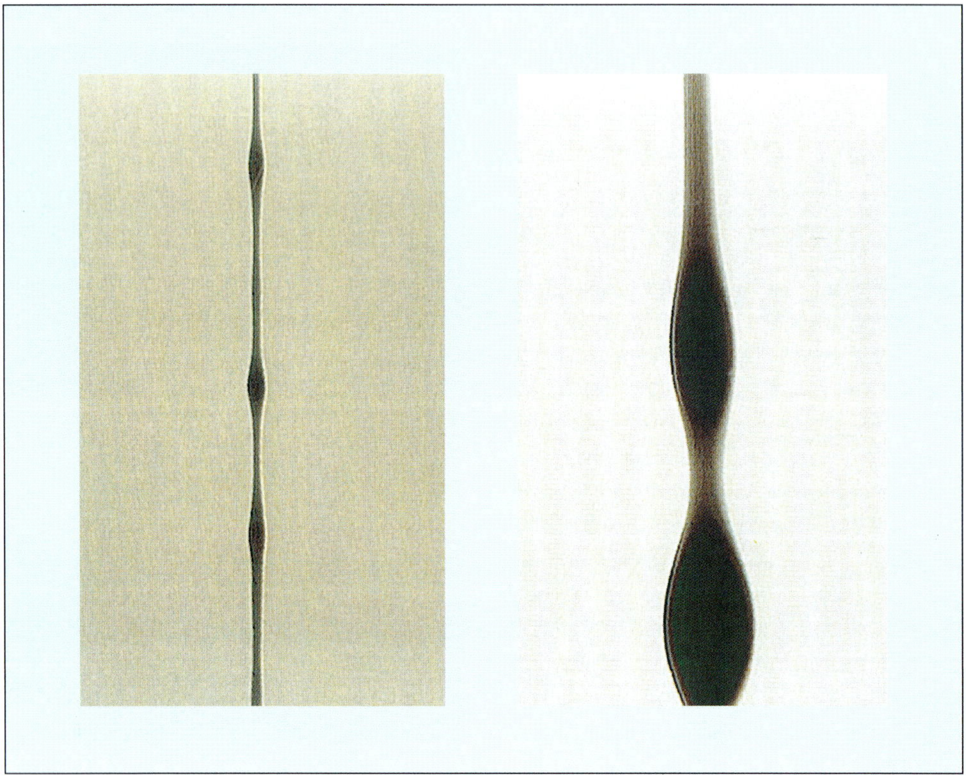

# 30

# *Wenn Flaschen Musik machen*

## *Das Kunststück:*

Mit einer Flasche Töne zu erzeugen, ist eigentlich keine große Kunst. Man muß nur geschickt hineinblasen, um das Innere der Flasche zum Schwingen zu bringen. Was schwingt, ist die

Luft im Hohlraum der Flasche. Fest zu stehen scheint, daß, je größer die Flasche ist, der Ton um so tiefer ist. Denn die langen Wellen, die die tiefen Töne repräsentieren, stehen dann in Resonanz mit der großen Flasche. Diese Resonanz konnte jeder von uns schon einmal erleben, wenn er im Badezimmer seine Stimme erprobte. Bei bestimmten Tönen scheint das ganze Badezimmer zu vibrieren – die Luft schwingt insgesamt mit und verstärkt augenscheinlich diese bestimmten Töne. Aber, offenbar gibt es auch hier Überraschungen. Wir haben eine kleine und eine große Flasche ausgesucht und blasen sie an. Erstaunlich ist, daß sich aus der kleinen Flasche der tiefe Ton herauslocken läßt, während die große Flasche die hohen Töne abgibt. Eine Erschütterung unserer Erfahrung – oder steckt ein Trick dahinter?

## *Das knoff-hoff:*

Wenn man genau hinschaut, sieht man, daß bei der kleineren Flasche der Flaschenhals länger ist als bei der großen. Der tiefe Ton wird in diesem Bereich erzeugt. Bei der großen Flasche jedoch ist der Hals relativ kurz. In dieser Luftsäule schwingen nur die kurzen Wellenlängen in Resonanz, und dadurch hören wir die hohen Töne. Dieses Experiment ist ein Hinweis darauf, daß die für die Tonerzeugung wichtigen Bereiche nur im oberen Teil – im Flaschenhals – liegen. Die dort schwingende Luftsäule trifft auf die Luft im Flascheninneren, die relativ unberührt die Wellenbewegung über ihr hinnimmt.
Eine zusätzliche Bestätigung für diese Trägheit des unteren Luftvolumens im Flaschenbauch ist auch das folgende Kunststück.

Eine Münze liegt im Flaschenhals, zudem befindet sich in der Flasche etwas Mehlstaub. Bläst man in die Flasche, so wird die Münze dadurch nicht tiefer in die Flasche hineingeschoben, sondern nach außen getrieben. Auch hier trifft der Luftstoß auf die Luft im Flaschenbauch. Die ist träge wie eine Wand, die hineingeblasene Luft wird reflektiert und reißt dabei die Münze mit nach außen. Die Bewegung des Mehlstaubes zeigt auch, daß sich die tief im Inneren befindliche Luftsäule bei dieser Aktion nicht bewegt. Die Verwirbelungen geschehen nur im Flaschenhals.

## Tricks und Tips:

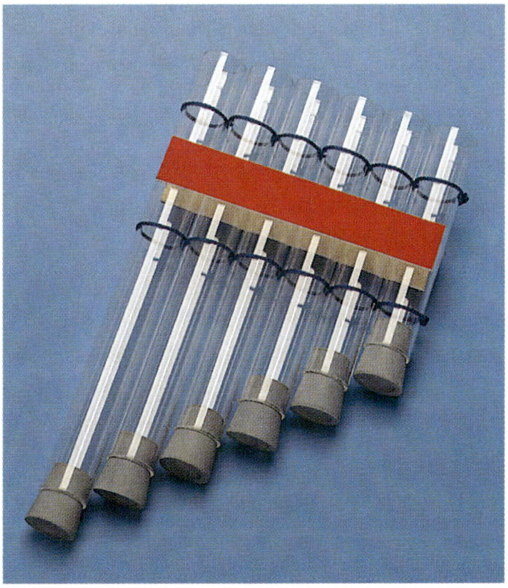

Solche Resonanzen werden von vielen Musikinstrumenten genutzt. Bei der Panflöte sind die unterschiedlich langen Röhren für die unterschiedlichen Tonhöhen verantwortlich. Im Inneren einer solchen Röhre bildet sich eine stehende Welle aus, die die Luftsäule zum Schwingen bringt. Je nach Länge der Röhre sind dann die kurzen oder langen Wellen bevorzugt – die sogenannten Resonanzfrequenzen – , die jeweils den hohen oder tiefen Tönen entsprechen.
In diesem Experiment haben wir eine

Glasröhre mit einem verschiebbaren Stopfen versehen. Ein Lautsprecher strahlt Schallwellen in das Röhreninnere. Je nach der Einschubtiefe des Stopfens entstehen mehr oder weniger lange stehende Wellen. Die sich verändernden geometrischen Abmessungen sorgen für unterschiedliche Resonanzräume. Das auf dem Boden untergebrachte Korkmehl macht diese Wellen sichtbar. In den Wellenknoten befindet sich das Mehl in Ruhe – in den Maxima und Minima kommt es zu heftigen Bewegungen. Das Korkmehl sammelt sich dadurch in den Schwingungsknoten. Es bilden sich sogar dünne, aufrecht stehende Korkmehlhäute, die die Bewegung der Oberschwingungen anzeigen. Dieses Rohr heißt nach seinem Erfinder, der mit diesem Apparat im vergangenen Jahrhundert Untersuchungen durchgeführt hat, Kundtsches Staubrohr.

# 31

## Warum die Peitsche knallt

### Das Kunststück:

In Bayern sind die „Goaslschnalzer" wohlbekannt. Mit ihrer Peitschenknallerei können sie Blaskapellen rhythmisch so unterstützen, daß ein ganzes Bierzelt tobt. Auch andernorts versteht man sich auf das Peitschenknallen. Damit es gut funktioniert, knüpft man an die Spitze einen Knoten. Spezialisten jedoch binden an die dickere Peitschenschnur noch eine dünnere und versehen sie mit einer Quaste, d. h. die dünnere Schnur wird am Ende aufgefächert. Der Effekt ist überwältigend.

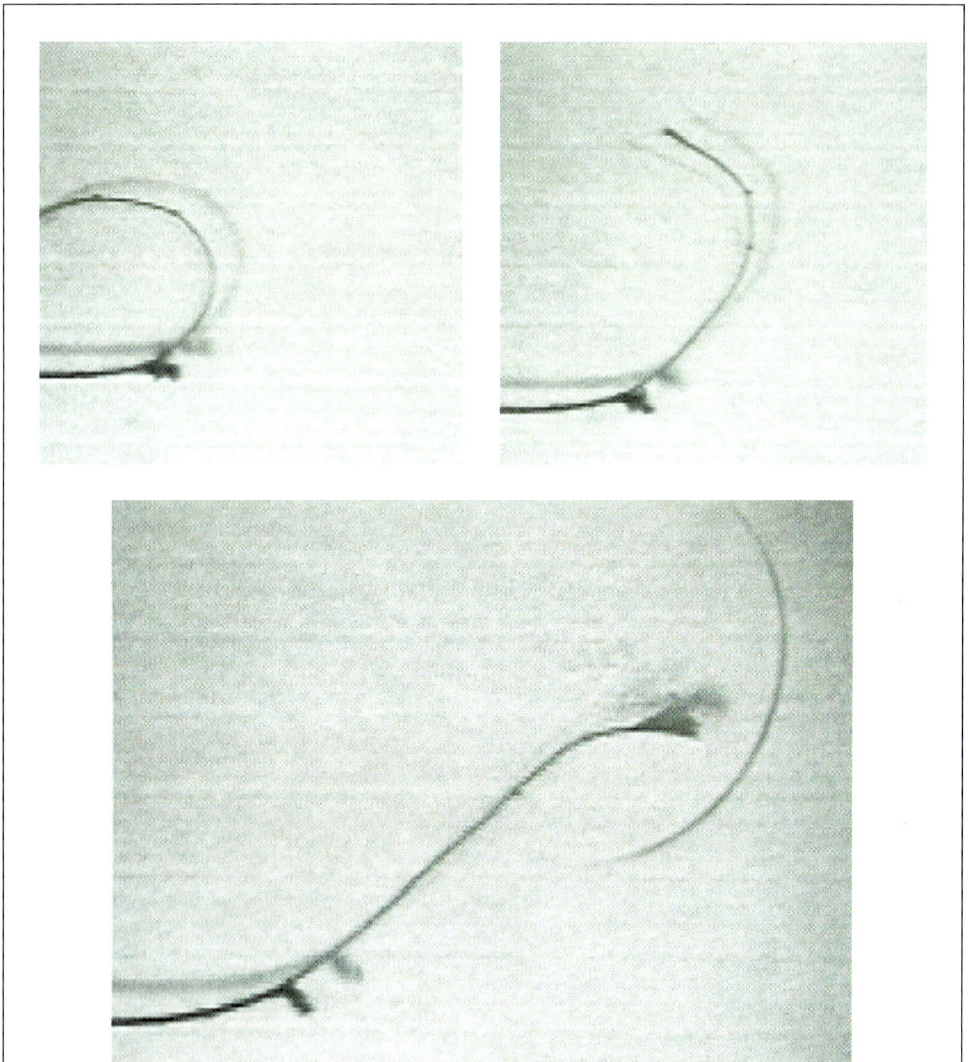

## *Das knoff-hoff:*

Aufschluß über die Funktion des Anhängsels gibt eine Folge von Hochgeschwindigkeitsaufnahmen. Man kann sehen, daß die dünnere Schnur einen Bogen beschreibt und sich dann so schnell bewegt, daß sich eine Schallwelle ablöst – und das im Überschallbereich. Die trägere, weil schwerere Peitschenschnur könnte das nicht so gut leisten. Die Quaste öffnet sich kurz vor dem Ende der nach unten gerichteten Bewegung und erzeugt so die Wellenfront. Auf dem Foto ist dies als sich ablösende Luftverdichtung zu sehen. Mit Hilfe dieser speziellen Aufnahmetechnik ist auch zu sehen, wie der Knall bei einem Pistolenschuß entsteht. Die herausdrückende Pulverdampfwolke komprimiert die umgebende Luft so, daß sich wiederum eine Front aus Schallwellen bildet.

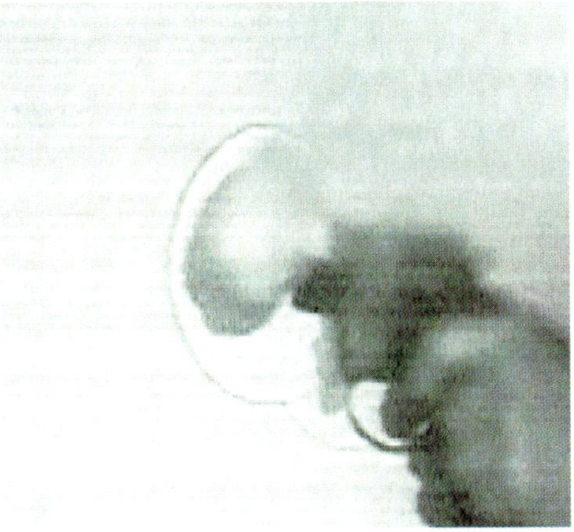

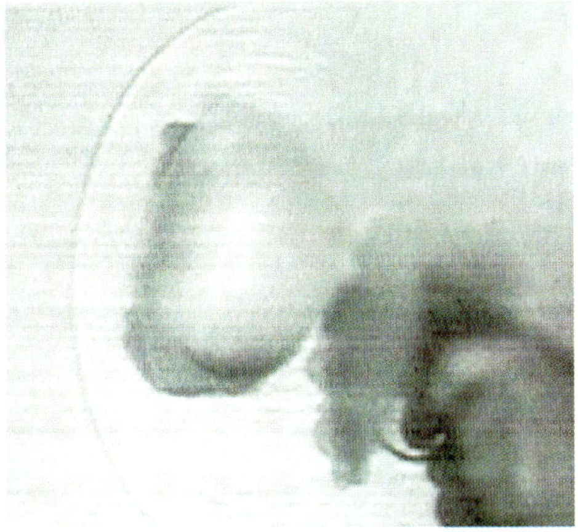

### Tips und Tricks:

Mit Peitschen wurden schon immer Kunststücke gezeigt. Hier ist auf einer Bildfolge zu sehen, was passiert, wenn mit einer Peitschenschnur eine Zigarette zerlegt wird. Übrigens tut nicht jeder Peitschenschlag weh. Hält man z. B. den Arm ausgestreckt und die Peitschenschnur kann sich um den

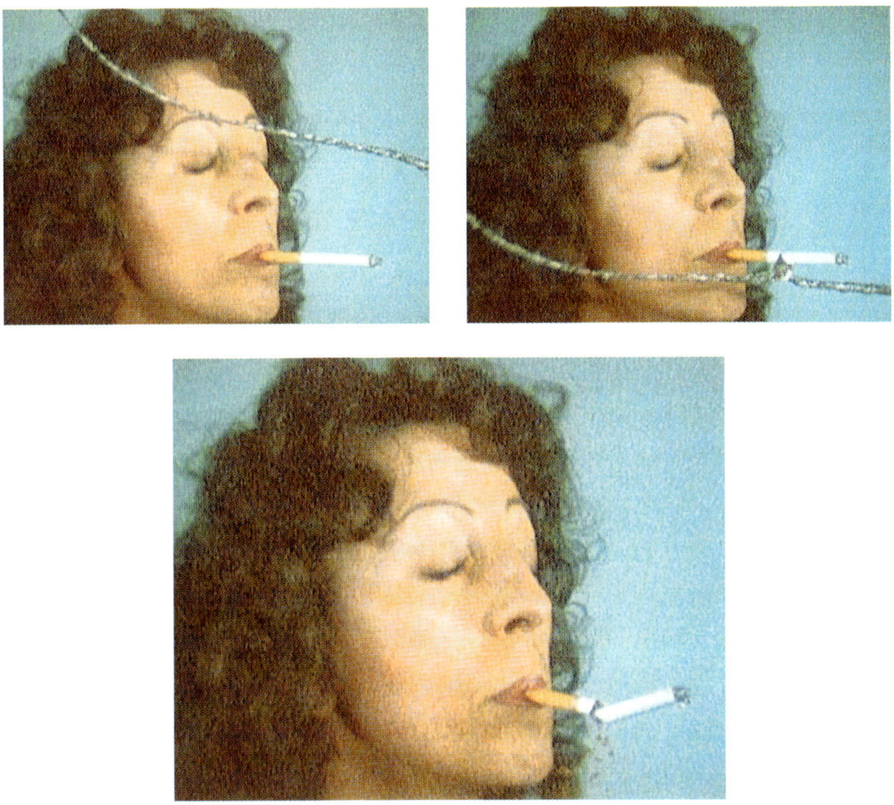

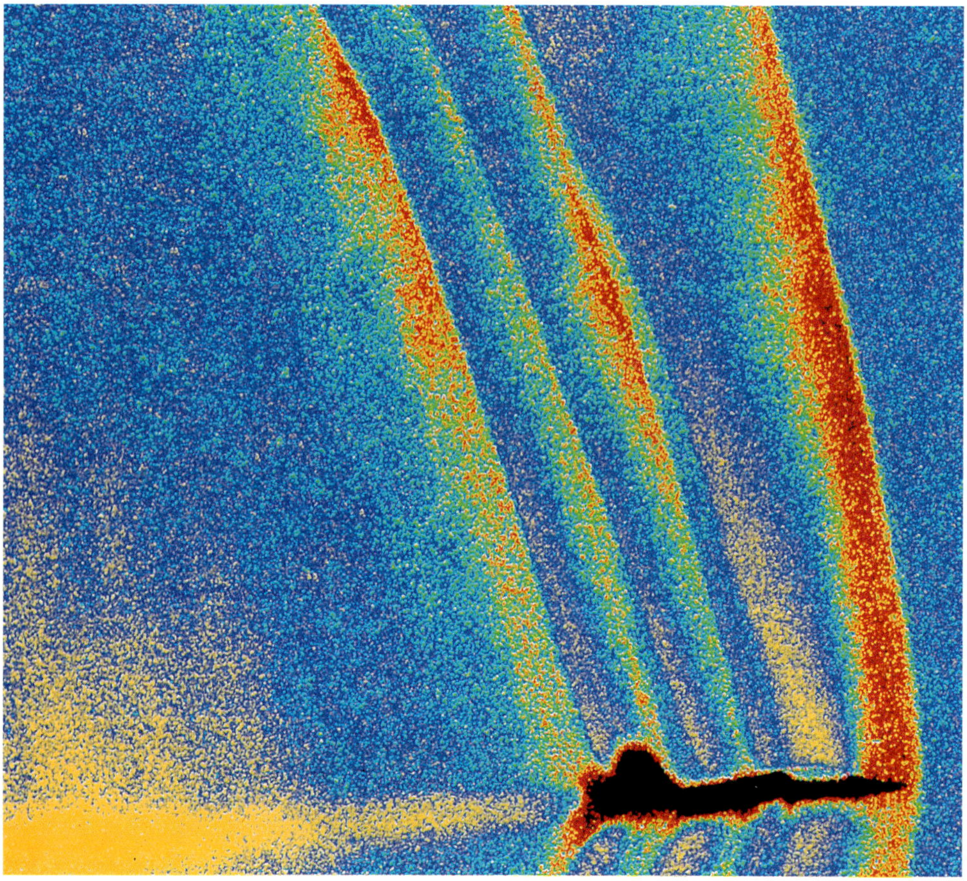

Arm rollen, dann verliert sie dabei soviel Energie, daß kaum Schmerz entsteht – selbstverständlich nur bei fachmännischer Ausführung!
Aber auch technische Geräte können laute Schallfronten erzeugen. Auf diesem Foto ist zu sehen, wie ein Flugzeug gerade die Überschallgrenze überschreitet, was bekanntlich mit einem lauten Knall verbunden ist. Rot steht hier für Bereiche mit sehr hohem Druck.

# 32

# *Die Botschaft aus der Urzeit*

## *Das Kunststück:*

Diese Plättchen sehen aus wie Glas, verhalten sich jedoch recht ungewöhnlich. Legt man sie auf eine heiße Herdplatte, so beginnen sie plötzlich zu leuchten. Normales Glas macht das nicht – wo jedoch steckt das Geheimnis?

## *Das knoff-hoff:*

Die Plättchen aus Lithiumfluorid wurden vorher in einen Beschleuniger gebracht. Dort treffen schnelle Teilchen auf das Material und regen dadurch Atome im Material an. Prinzipiell werden dabei Elektronen auf ein höheres Energieniveau gebracht und ins Kristallgitter eingebaut. Wird nun das Plättchen erhitzt, so kommt es bei den Atomen zu einer heftigen Wärmebewegung. Die vorher angeregten Elektronen fallen dadurch auf das ursprüngliche Energieniveau zurück und strahlen dabei Licht aus – das Plättchen leuchtet.

Nun wäre dies eine ziemliche brotlose Kunst, wenn sie nicht einen Blick in die Vergangenheit ermöglichte. Bekanntermaßen ist es ein besonderes Problem, historische Funde zu datieren. Oft werden Tonscherben gefunden, von denen man nicht weiß, wieviele zigtausende Jahre sie alt sind. Glücklicherweise gibt es in der Natur auch einen „Beschleuniger", der Atome anregen kann. Die Höhenstrahlung aus dem Weltraum und die natürliche Radioaktivität liefern eine energiereiche Strahlung, die beim Auftreffen auf Materie auch Elektronen auf ein höheres Energieniveau heben können. Diese angeregten Elektronen fallen im Laufe der Zeit in den ursprünglichen Energiezustand zurück. Werden Tongefäße hergestellt, so werden sie auch im Feuer gebrannt – die meisten jedenfalls. Und jetzt kommt die Idee für die Altersdatierung. Mit dem Brennen werden alle angeregten Zustände auf Null zurückgesetzt. Wie bei dem Kunststück mit dem Plättchen fallen – so setzt man voraus – durch die Stöße der Wärmebewegung alle Elektronen auf den nichtangeregten Zustand zurück. Dann beginnt der „natürliche

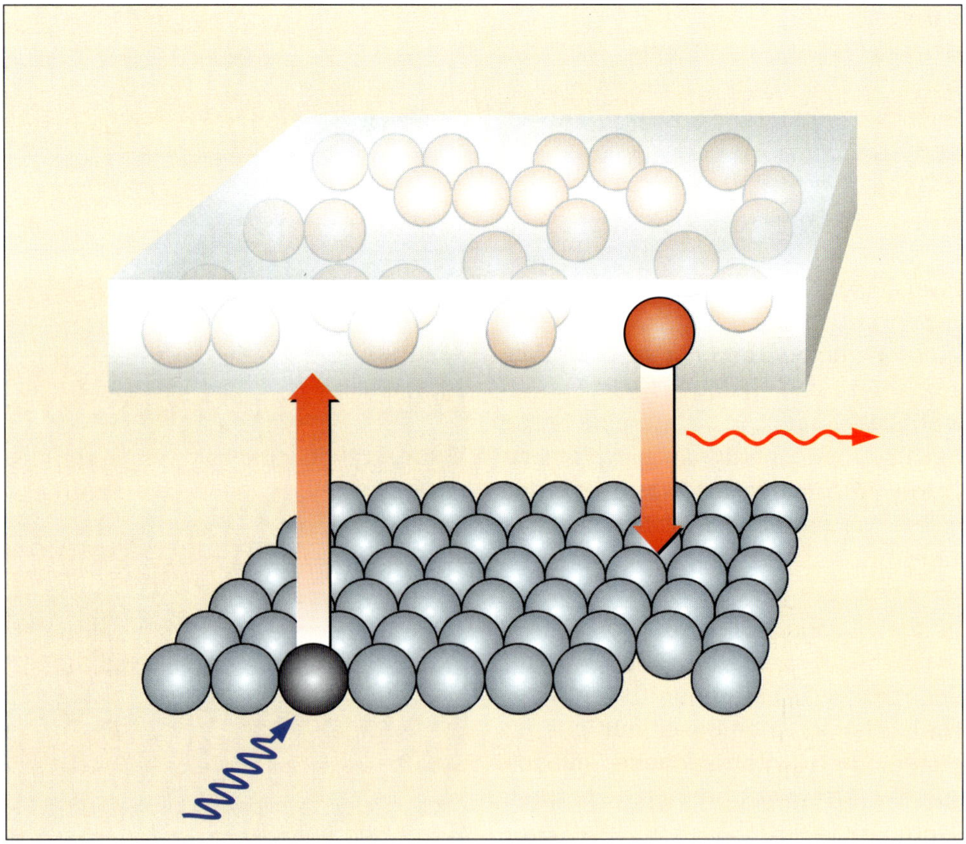

Beschleuniger“ zu arbeiten. Die Tongefäße sind der anregenden natürlichen Strahlung ausgesetzt, und das vielleicht über Jahrmillionen. Dabei werden immer wieder Elektronen auf das höhere Energieniveau angehoben. Testet man nach einem Fund die Scherben eines alten Gefäßes in einem Spezialofen, so kann man während der Erwärmung die Leuchtblitze registrieren. Je mehr Leuchtblitze, um so älter das Material. Allerdings, ganz so einfach ist das alles nicht, einige Korrekturfaktoren müssen beachtet werden.

## *Tricks und Tips:*

Diese Methode läßt sich einsetzen, wenn man herausfinden will, ob Lebensmittel mit energiereicher Röntgenstrahlung konserviert wurden. In einigen Ländern bestrahlt man leicht verderbliche Nahrungsmittel, um die schädlichen Mikroorganismen abzutöten. Findet man an so behandelten Erdbeeren noch etwas Erde, so kann diese als Nachweis für die Bestrahlung verwendet werden. Die Erde

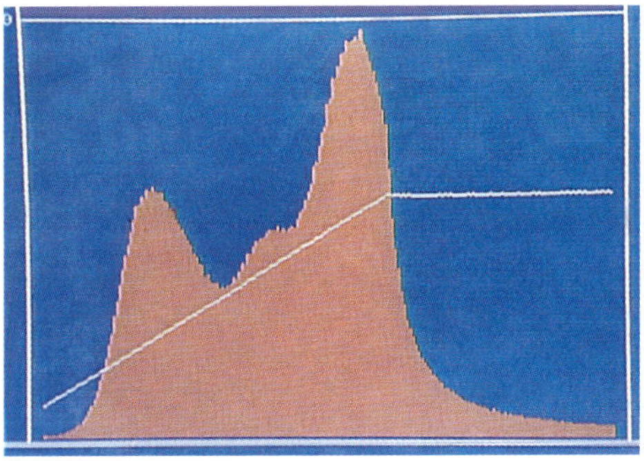

wird aufbereitet und das Produkt in ein Meßgerät gebracht. Beim Erhitzen zeigen sich Leuchterscheinungen, die von der Strahlung angeregter Elektronen stammen.
Diese anregende Strahlung erlaubt es auch, eine andere Methode zur Altersbestimmung anzuwenden – die $C^{14}$ – Methode. Unsere Atmosphäre enthält einen bestimmten Anteil an Kohlendioxid und damit Kohlenstoff. Trifft die energiereiche Höhenstrahlung auf die Luftmoleküle, so verwandelt sie einige Stickstoffatome zu radioaktivem Kohlenstoff. Dabei werden von dem Atomkern des Stickstoffs Neutronen aufgenommen, die von der kosmischen Strahlung erzeugt werden. Dieser Kohlenstoff besitzt genauso viele Elektronen wie der herkömmliche, hat aber im Kern zwei neutrale Teilchen – die Neutronen – mehr eingefangen. Dadurch ist der Kern instabil – radioaktiv eben – er zerfällt nach einer bestimmten Zeit. Bei Kohlenstoff beträgt die sogenannte Halbwertszeit 5730 Jahre, d. h. in dieser Zeit ist die Hälfte des radioaktiven Kohlenstoffs zerfallen. Und das wiederum ist ein Schlüssel zur Altersbestimmung. Das Kohlendioxid wird während der Photosynthese von allen Pflanzen aufgenommen. Weil der radioaktive Kohlenstoff genauso viele Elektronen besitzt wie der normale Kohlenstoff, gibt es chemisch zwischen beiden keinen Unterschied. Auch der radioaktive Kohlenstoff verbindet sich mit dem Sauerstoff zu Kohlendioxid, das von der Pflanze aufgenommen wird. Wichtig ist, daß der Anteil von „normalem" und radioaktivem Kohlenstoff über die Jahrmillionen als konstant angesehen werden kann. Das Verhältnis beträgt 1: $1{,}5 \times 10^{-12}$, der Anteil des radioaktiven Kohlenstoffs ist also verschwindend klein. Diese Konstanz im Verhältnis $C^{12}$ zu $C^{14}$ ergibt sich, weil ständig radioaktive $C^{14}$-Atome zerfallen, aber auch neue durch die Höhenstrahlung gebildet werden. Über die Photosynthese wird also auch der radioaktive Kohlenstoff in die Pflanze eingebaut. Stirbt die Pflanze ab, so kommt kein neuer Kohlenstoff mehr hinzu. Mit den Jahrtausenden wird durch Zerfall der radioaktive Kohlenstoff in der toten Pflanze immer weniger. Nach 5730 Jahren ist nur noch die Hälfte da, nach weiteren 5730 Jahren davon wieder die Hälfte usw. Bestimmt man nun den Anteil des radioaktiven Kohlenstoffs in den Holzkohlefunden der Urzeit, kann man so auf das Alter der Proben schließen.
Auch in Knochen finden sich Anteile von Kohlenstoff, so daß man bei entsprechender Verfeinerung bei fast jedem organischen Material versuchen kann, das Alter zu bestimmen. Die Kohlenstoffdatierung hat aber ihre Grenzen. Weil der Anteil des radioaktiven Kohlenstoffs so gering ist, verliert diese Methode nach Zeiträumen, die 8–10 mal die Halbwertszeit ausmachen – also nach etwa 48 000 – 60 000 Jahren – ihre Aussagekraft.

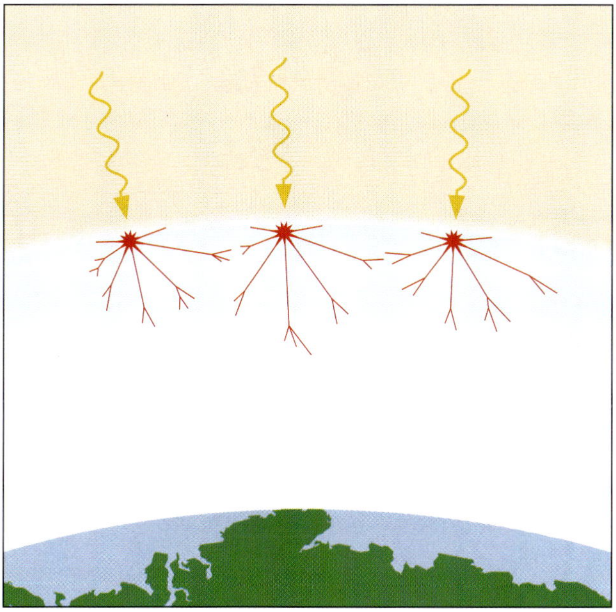

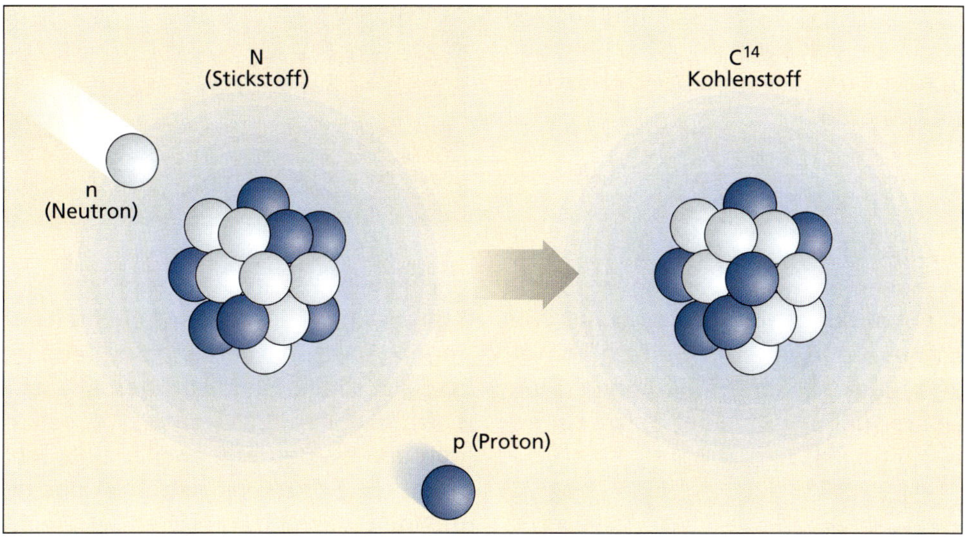
N
(Stickstoff)
$C^{14}$
Kohlenstoff
n
(Neutron)
p (Proton)

# 33

# Funken, die Bewegung bringen

## Das Kunststück:

Etwas zum Drehen bringen kann man auf recht unterschiedliche Weise. An diesem Metallrad befinden sich – hakenförmig angeordnet – sechs Spitzen. Umgeben sind diese Spitzen von einem Ring, der wiederum Spitzen besitzt. Wird eine elektrische Spannung angelegt, so sprühen zwischen den Spitzen Funken – und das Rad beginnt sich zu drehen.

## Das knoff-hoff:

Wenn Blitze zu sehen sind, dann fließen elektrische Ladungen. Durch die Spannungsdifferenz zwischen den äußeren und inneren Spitzen kommt es zu elektrischen Entladungen. Elektronen fließen von einer Spitze zur anderen. Sie treffen auf ihrem Weg auf Luftmoleküle, die sie zum Leuchten anregen. Das Entscheidende ist jedoch, daß die schnellen Elektronen aus den Luftmolekülen Elektronen wegschlagen und sie dadurch positiv aufladen. Auch die Spitze des Rades ist positiv geladen, deshalb kommt es zur Wechselwirkung zwischen den geladenen Luftmolekülen und diesen Spitzen. Weil sie gleichartig geladen sind, stoßen sich die positiv geladenen Luftionen regelrecht von den Spitzen ab und treiben so das Rad an. Diese Entladung passiert bevorzugt an den Spitzen, weil sich hier die elektrischen Feldlinien konzentrieren und dadurch die Spannungsdifferenz am größten ist.

## *Tricks und Tips:*

Elektrische Funken sind auch nützlich, um ein solches Rückstoßsystem zu zünden. In den beiden Flaschen aus Kunststoff befindet sich ein explosives Gasgemisch. Zwischen den Drahtenden kann man mit Hilfe einer Batterie einen elektrischen Funken zünden. Man kann genau sehen, wie sich die Flamme ausbreitet, wie sie den nach oben gerichteten Flaschenboden erreicht und durch das Auftreffen die Flasche nach oben treibt. Füllt man einen Teil der Flasche mit Wasser, so drückt das explodierende Gasgemisch zusätzlich das Wasser nach unten heraus. Mehr Masse wird dadurch in Bewegung gesetzt. Nach dem Impulssatz sollte diese Flasche viel höher fliegen als eine Leere – was sie auch tut.

# 34

# *Batterien aus Holzkohle*

## *Das Kunststück:*

Nach einer langen Wanderung abends gemeinsam am Lagerfeuer sitzen – davon träumen wohl viele Wandervögel. In moderneren Zeiten fordern viele mehr Luxus. So wollen die meisten Menschen auch unterwegs elektrische Geräte betreiben. Dafür benötigt man allerdings elektrischen Strom. Solange genügend Batterien da sind, gibt es keine Probleme. Sind allerdings alle Batterien aufgebraucht, muß man auf den nächsten Morgen warten, um eventuell Solarzellen zu benutzen – oder sich etwas anderes einfallen lassen. Hier eine ungewöhnliche Idee: Vom abendlichen Lagerfeuer sind noch verkohlte Holzreste vorhanden, Alufolien vom Kartoffelgrillen und Salz. Die Alufolie wird glattgestrichen, darauf Holzkohle zerkleinert ausgebreitet, mit Salzwasser wird alles angefeuchtet, eine weitere Folie darübergelegt, wieder Holzkohle und dann wiederum Folie. Klemmt man an der unteren und oberen Folie jeweils einen Draht an und drückt auf dieses „Foliensandwich", dann kommt so viel elektrischer Strom heraus, daß ein kleiner Elektromotor betrieben werden kann.

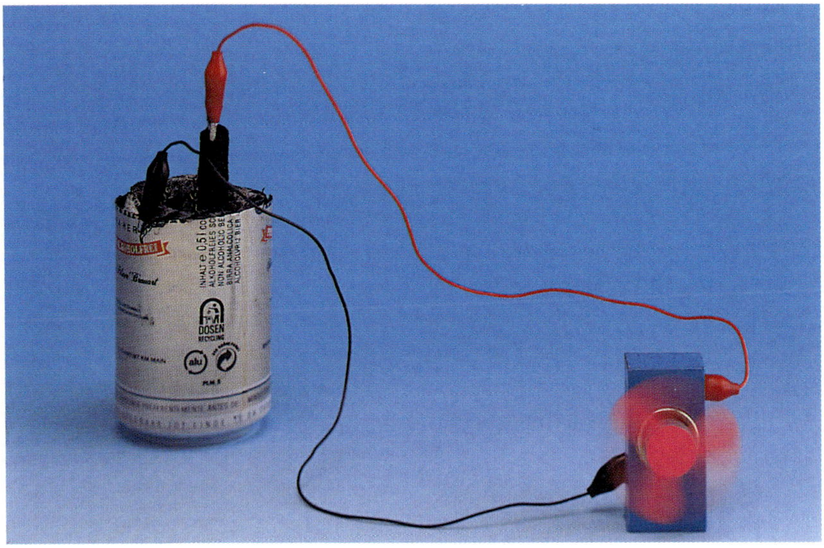
INHALT ℮ 0,5 l
DOSEN
RECYCLING
alu

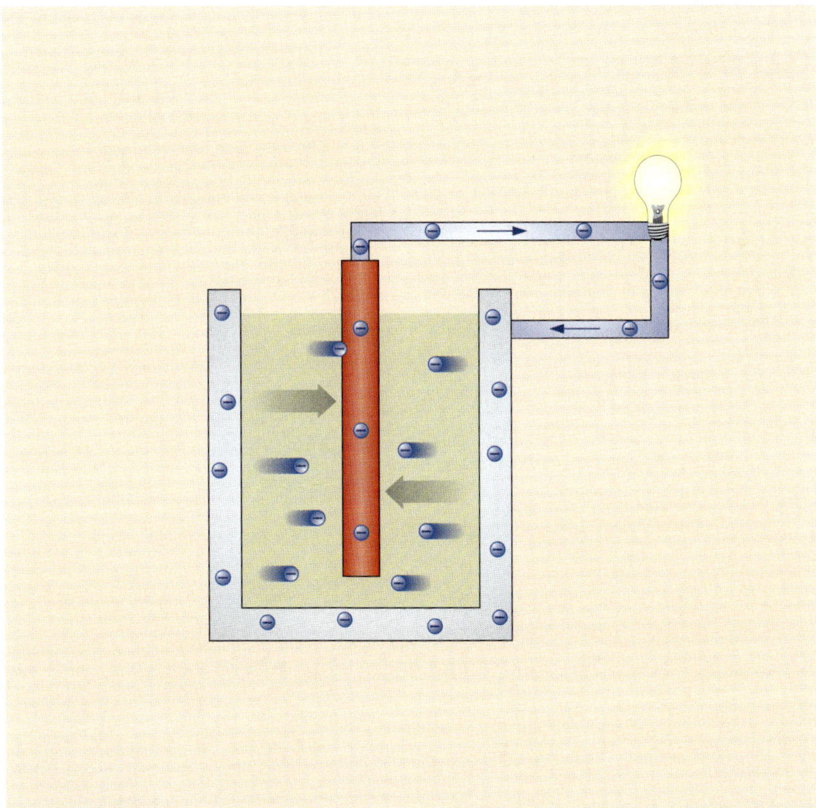

## Das knoff-hoff:

Allzu hoch sind die Ströme nicht, die aus solch einer Notbatterie fließen. Aber eindrucksvoll ist, daß so etwas überhaupt funktioniert. Ein ähnliches Element kann man mit einem verkohlten Holzstück und einer Aluminium-Getränkedose herstellen. Das Holzkohlenstück wird in die Mitte der Dose gestellt – drumherum Holzkohlengranulat gefüllt – dazu kommt Salzwasser und fertig ist die Batterie. Die Elektronen fließen vom Metall zum Kohlenstoff, die Salzionen überbrücken die Leitstrecke elektrisch und dieser Elektronenfluß kann von Drähten abgegriffen werden. Diese Batterie liefert etwa 1 Volt.

Den Fluß elektrischer Ladungen kann man auch sichtbar machen. Auf ein Stück Löschpapier wird ein mit Kupfersulfat und Kaliumdichromat-Kristallen getränkter Wollfaden gelegt. Die Enden des Löschpapiers verbindet man mit einer Spannungsquelle. Das Löschpapier liegt wiederum in einer Salzlösung, damit die elektrische Leitung gut funktioniert. Die farbigen Ionen werden – je nach ihrer elektrischen Ladung – zu dem einen oder anderen Pol gezogen. Weil sie unterschiedlich gefärbt sind, kann man das gut verfolgen. Es sind die farbigen Ionenkomplexe, die in dem elektrischen Feld zu den zugehörigen Polen wandern.

## Tricks und Tips:

Eine Ionenlösung kann auch mit Hilfe von elektrischen Spannungen getestet werden. Hält man diesen Löffel in eine Suppe, ist leicht festzustellen, ob sie zu salzig ist. Auf dem Löffel befinden sich zwei Elektroden. Das Salz in der Suppe zerfällt ja im Wasser zu elektrisch geladenen Natrium- und Chlorionen. So leitet eine Suppe den elektrischen Strom bei zuviel Salz besser als bei zu wenig Salz. Und genau das zeigt dieser Löffel an. Der mehr oder weniger stark fließende Strom schaltet dann eine Batterie, die jeweils ein Lämpchen aufleuchten läßt, das den Salzgehalt anzeigt.

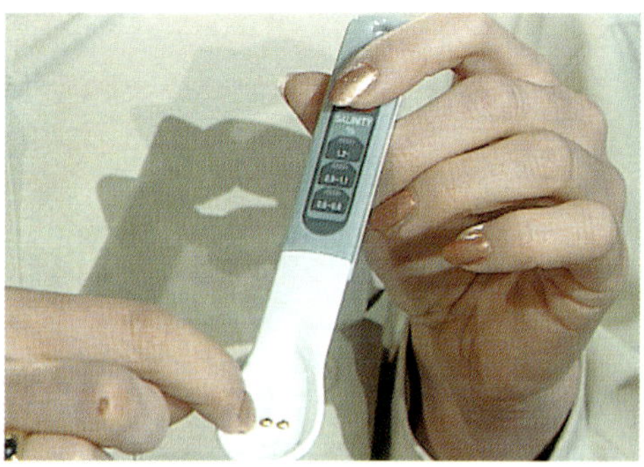

# 35

## Getrennte Elektronen

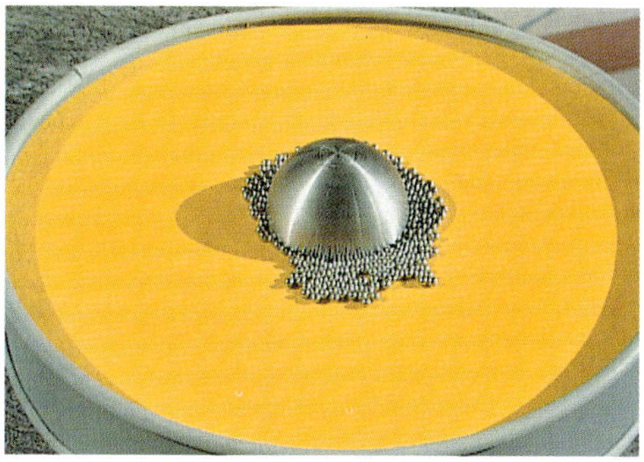

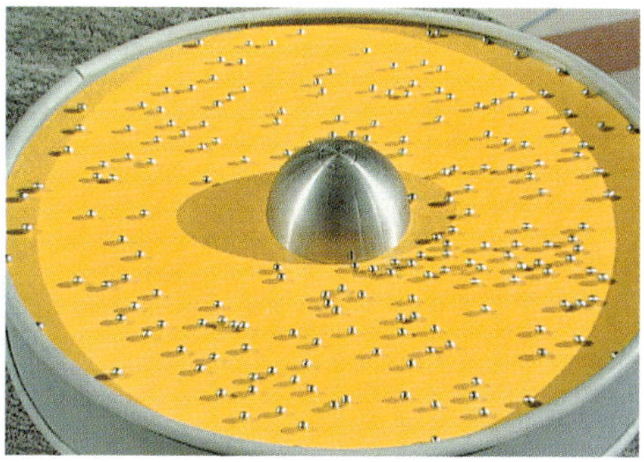

### Das Kunststück:

Diese Stahlkugeln ruhen friedlich an der großen Metallkugel. Wird eine elektrische Spannung eingeschaltet, dann spritzen sie explosionsartig auseinander. Die Unterlage ist leicht nach innen gekippt, so daß die Kugeln wieder zur Mitte zurückrollen. Der Vorgang beginnt von vorne.
Diese Bewegung kann man auch bei einem anderen Spielzeug ausnutzen. Diese Kugel ist zwischen zwei Glocken aufgehängt. Beim Anschalten der elektrischen Spannung schwingt die Kugel heftig hin und her – eine Glocke, die keinen Glöckner mehr benötigt.

## Das knoff-hoff:

Hier sind elektrische Ladungen die Ursache für die Bewegung der Kugeln. Die Halbkugel in der Mitte ist eine Elektrode. Wird die elektrische Spannung eingeschaltet, so fließen elektrische Ladungen auf die Metallkugeln. So sind sie elektrisch gleich geladen und stoßen sich deshalb von der Elektrode in der Mitte ab. Am Rande findet sich die Gegenelektrode, an der sie ihre Ladung verlieren. Auf der nach innen geneigten Unterlage rollen die Kugeln wegen der Schwerkraft wieder zur Mitte, nehmen erneut Ladungen auf und streben wieder auseinander.

Bei dem Glockenexperiment ist die Kugel am Faden elektrisch positiv geladen – ebenso wie die Glocke in der Mitte. Die Glocke außen zeigt eine negative elektrische Ladung. Sie zieht die Kugel an, die dadurch ihre Ladung verliert und zurückfällt. Durch die Schwingung kommt sie in Kontakt mit der ersten Glocke, lädt sich wieder positiv auf, und dieser Ablauf wiederholt sich.

Formt man aus einer solchen Elektrode eine Schüssel und legt Polystyrolflocken hinein, so laden diese sich anstelle der Kugeln auf. Durch die gleichartigen Ladungen stoßen sich die Flocken ab – so kann man einen künstlichen Schneesturm erzeugen.

## Tricks und Tips:

Eine Trennung der elektrischen Ladungen ist auch mit Reibung zu erreichen. Ein Stab aus Kunststoff wird mit einem trockenen Lappen gerieben. Dadurch lädt er sich auf – Ladungen werden durch das Reiben getrennt. Kommt ein leichter Gegenstand – z. B. ein Luftballon – in Kontakt mit dem Stab, erhält er dieselbe Ladung und wird deshalb abgestoßen. So kann man leichte Gegenstände zum Schweben bringen. Das gelingt auch mit einem Metalltennisschläger, an dem eine elektrische Spannung angelegt ist. Die Goldfolie schwebt durch das Studio.

Weil elektrische Ladungen Kräfte aufeinander ausüben, kann man so einen Raum rauchfrei machen. In diesem Behälter befindet sich Zigarettenrauch und in der Mitte eine Elektrode. Dadurch werden die Rauchteilchen elektrisch aufgeladen. An der äußeren Wand befindet sich die Gegenelektrode. Wird sie eingeschaltet, dann zieht sie die Rauchteilchen blitzschnell an – der Raum wird wieder durchsichtig klar. Einige Luftreinigungssysteme funktionieren nach diesem Prinzip.
Bei geschickter Anordnung kann man mit sehr einfachen Mitteln auch Elektromotoren bauen. Auf dieser Schale sind Aluminiumstreifen sternförmig angeordnet. Beide Aluminiumstreifen berühren sich nicht. Der eine ist mit einer positiv geladenen Elektrode verbunden, der andere mit einer negativen. Rollt jetzt eine Stahlkugel über einen der Streifen, so wird sie ent-

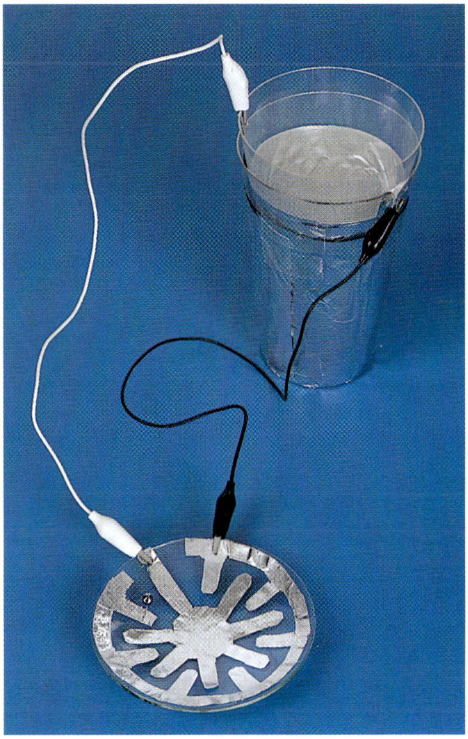

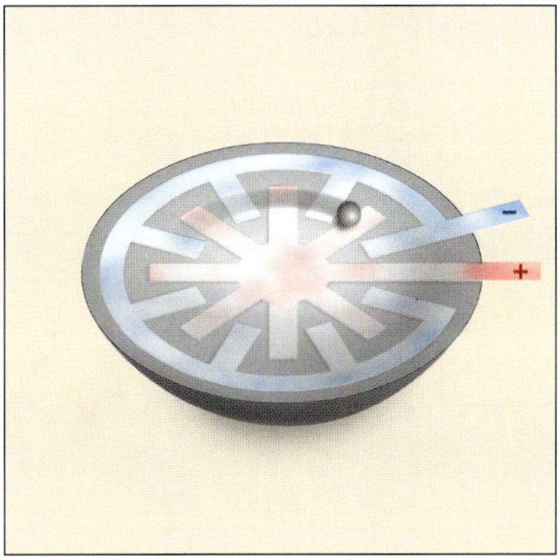

sprechend aufgeladen. Der nächste Streifen zieht sie – weil entgegengesetzt geladen – an, und die Stahlkugel nimmt jetzt diese Ladung auf. Das setzt sich bei der Kreisbewegung wechselseitig fort, so daß die Kugel ständig im Kreis herumrollt.

Um aus diesem Prinzip einen Motor zu konstruieren, ist hier ein Plastikbecher drehbar aufgestellt. Die Aluminiumstreifen versorgen den Becherbereich mit der entsprechenden Ladung, so daß sich der Becher zu drehen beginnt.

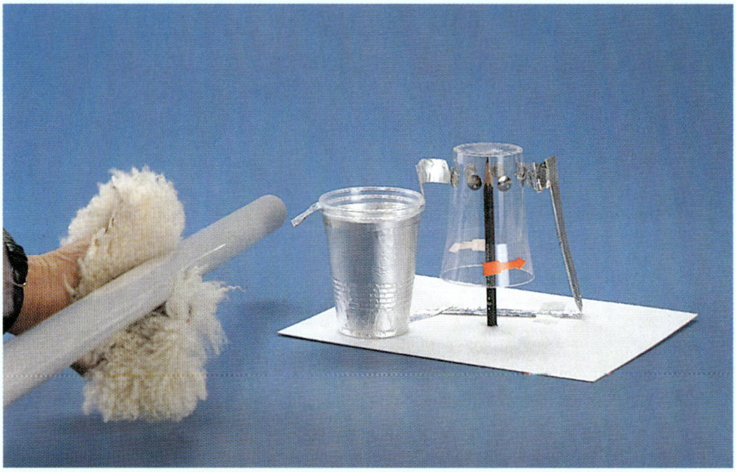

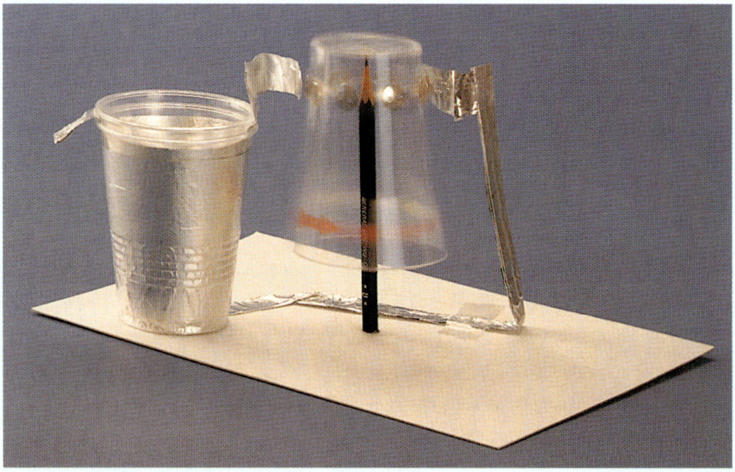

# 36

## Unerwünschte Schwingungen

### Das Kunststück:

Skifahren macht Spaß – und einige können es besser als andere. Bei extremem Skifahren kann es passieren, daß die Skier über der harten Piste zu „flattern" beginnen. Sie schwingen, durch die Unebenheiten angeregt, auf und ab. Das ist unerwünscht, weil darunter die Führung der Skier und damit die Fahrsicherheit leidet. Dieser Ski aber verhält sich sehr ungewöhnlich. Schüttelt man ihn und bringt ihn dadurch in Schwingung, reagiert er darauf und arbeitet selbständig dagegen an. Welches Geheimnis steckt in diesem Ski?

### Das knoff-hoff:

In Inneren des Skies befindet sich ein Element aus Piezokeramik. Dieses Material reagiert beim Anlegen einer elektrischen Spannung mit Ausdehnung oder Verkürzung. Das hängt von der Polung ab. Wird es umgekehrt aktiv verformt, so gibt es wie-

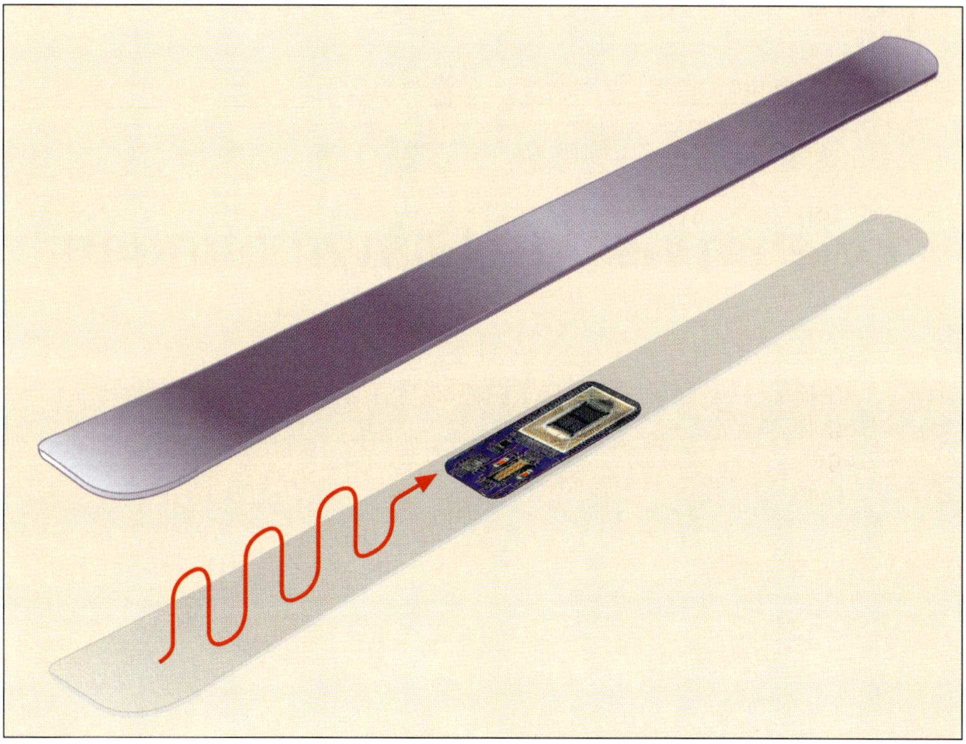

derum eine elektrische Spannung ab. Piezofeuerzeuge nutzen diesen Effekt aus. Durch einen kurzzeitigen Druck auf die Piezokeramik kann man aus ihr elektrische Funken regelrecht „herauspressen“. Ein Schlagbolzen übt beim Feuerzeug diesen Druck aus. Gerät der Ski in Schwingungen, so werden in dem eingebauten Piezoelement elektrische Spannungen frei. Diese Spannungen nutzt man, um die Schwingungen zu dämpfen. Sie werden durch eine Elektronik verzögert und wieder auf das Piezokeramikelement gelenkt. Dadurch wiederum verändert die Keramik ihre Form. Die Elektronik ist so ausgelegt, daß diese neu erzeugte Bewegung der Schwingung entgegenarbeitet und sie dämpft. Weil die Piezokeramik selbst elektrische Spannungen erzeugen kann, arbeitet dieses System ohne Batterie. Ob man allerdings als normaler Skifahrer häufig in Extremsituationen kommt, in denen die Piezokeramik hilft, bleibt fraglich.

## Tricks und Tips:

Die Dämpfung von Schwingungen ist in der Weltraumtechnik sehr wichtig. Großräumige Strukturen wie z. B. Solarzellen oder Antennenanlagen kön-

nen in unerwünschte Schwingungen geraten. Weil es keinen Luftwiderstand gibt, halten diese Schwingungen lange an und können so die Ausrichtung einer Antenne empfindlich stören.
In dieser Struktur rechts sind in den Verbindungen Piezokeramikelemente untergebracht. Beginnt die Konstruktion zu schwingen, so geben sie elektrische Spannungen ab. Diese werden analysiert, danach werden elektrische Spannungsignale so auf die Piezokeramik gegeben, daß sie der Schwingung entgegenarbeiten. Damit die

Energieversorgung gesichert ist, setzt man zur kontrollierten Stromerzeugung die Energie von Solarzellen ein.

# 37

# *Zaubereien mit knoff-hoff*

## *Das Kunststück:*

Zauberer mögen es nicht, wenn man ihre Tricks erklärt. Das ist verständlich, sonst würde man ihnen schließlich ihre Berufsgrundlage entziehen. Aber manchmal verraten sie selbst ihre Tricks – und nur die sollen hier beschrieben werden. Der Stab in der Hand scheint wirklich festzukleben, doch wenn man genau hinschaut, dann funktioniert der Trick äußerst einfach.

Anspruchsvoller ist dieses Kunststück: Eine Zitrone scheint – durch die magischen Kräfte des Künstlers angezogen – über den Tisch zu rollen. Wirklich übernatürlich?

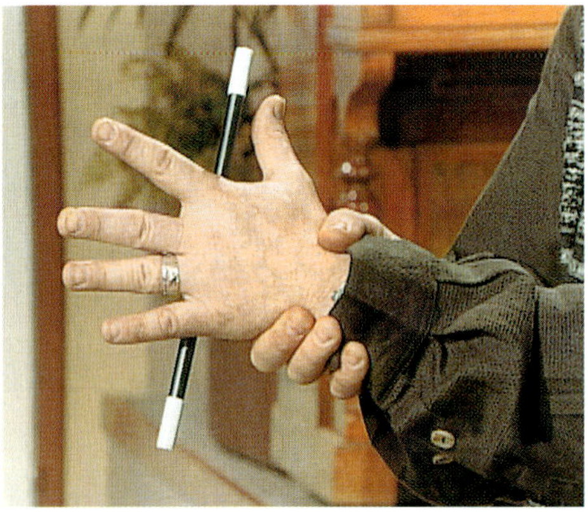

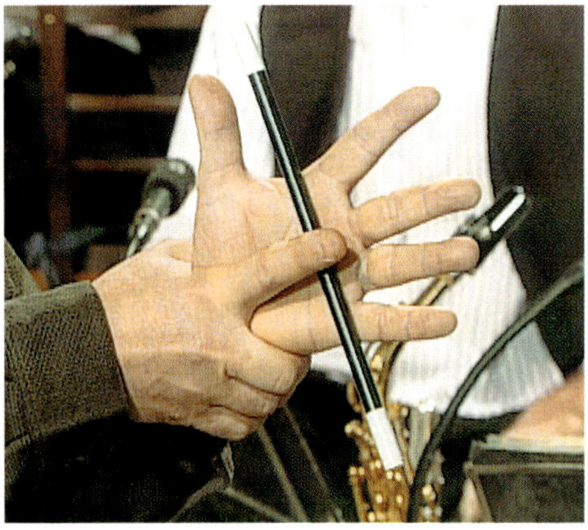

## Das knoff-hoff:

Die Gummibänder und der Ring – unter der Decke versteckt – sind des Rätsel Lösung. Der Guru zieht den Ring, auf dem die Zitrone liegt – unter der Decke entlang – um die Zitrone zu bewegen.

## Tricks und Tips:

Man kann auch auf ungewöhnliche Weise Wasser verschwinden lassen. Dazu muß nur im Inneren des Gefäßes die entsprechende Vorrichtung angebracht sein. Bei der Kanne oben befindet sich ein Hohlraum am

Auslaß – die hineingefüllte Flüssigkeit läuft in diesen Hohlraum – nichts kommt aus dem Gefäß, wenn man es kippt, obwohl man es zuvor vor den Augen der Zuschauer gefüllt hat.
Solche Tricks gibt es in mehreren Variationen. In diesem Gefäß aus Nordafrika reicht der Hohlraum in das Innere des Kruges, so daß die Flüssigkeit nicht austreten kann.
Und wenn man eine Flasche mit der offenen Hand halten will, muß man einen Saugnapf zwischen den Fingern halten.

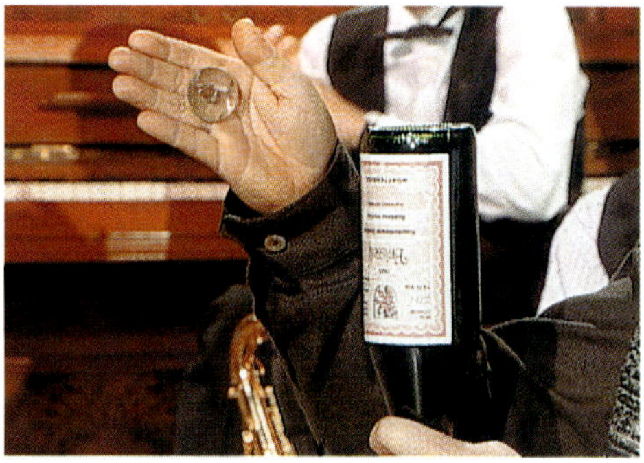

# 38

## Der Trick mit den Massen

### *Das Kunststück:*

Es gibt schon ungewöhnliche Möglichkeiten, sich vorwärts zu bewegen. Läßt man diese Bowlingkugeln auf den Schienen nach unten rollen, so wird der Wagen in die entgegengesetzte Richtung geschoben. Oder nehmen wir dieses Gefährt: Es besteht aus einer Holzscheibe, einem Gebläse und einer Preßluftflasche. Damit läßt es sich leicht über den Boden gleiten, und auch hier wird man nach vorne getrieben.

### *Das knoff-hoff:*

Wenn etwas nach hinten gestoßen wird, bewegt sich der Rest in die entgegengesetzte Richtung. Bei dem Wagen mit den Kugeln ist es ungewöhnlich, daß schon durch das Herabrollen dieser Impuls auf den Wagen übertragen wird. Das liegt an der Krümmung der Schienen auf dem Wagen. Rollt die Kugel in diesen Bereich hinein, so stößt sie sich an der Unterlage – den Schienen – ab. Die Kugel muß ihre Richtung stark ändern, um nach hinten wegrollen zu können, und dadurch erhält der Wagen den Impuls in die Gegenrichtung. Je schwerer die Kugeln sind und je höher ihre Geschwindigkeit ist, um so besser funktioniert dieser Antrieb.

Bei dem Gefährt aus der Holzscheibe drückt das Gebläse Luft unter die Holzplatte, so daß alles auf einem Luftkissen schwebt. Damit die Luft nicht sofort unter der Scheibe entweicht, ist sie am Rand mit Gummi-

streifen versehen. Auch die aufrechtstehende Preßluftflasche dient dem Vorwärtskommen. Die Luft wird nach hinten weggeschleudert – deshalb bewegt sich das ungewöhnliche Luftkissenfahrzeug nach vorne. Genauso funktioniert auch der Antrieb einer Rakete im luftleeren Raum. Und auch die Raketenwagen im Studio nutzen den Rückstoß durch die nach hinten gestoßenen Massen zum Antrieb aus.

## Tricks und Tips:

Mit dem „Raketenantrieb" ist es möglich, viele technische Anwendungen zu entwickeln. Dieses Boot ist ein Beispiel dafür. Statt einer Schiffsschraube hat es eine Düse, aus der Wasser herausgepreßt wird und die mit dem Bootsboden abschließt. So kann das Boot auch in nur zentimetertiefem Wasser vorankommen. Der Vorteil liegt auf der Hand – auch in sehr flachem Gewässer gibt es keine

Probleme mit dem Antrieb. Zudem ist die Düse um 360 Grad drehbar, das Boot damit sehr wendig. Wäre sie über Wasser angebracht, wäre der Wirkungsgrad sicher etwas höher, aber dann würde das Wasser irgendwohin spritzen, und das wäre vor allem in einem Hafen unangenehm.
Unser Modellboot zeigt im Vergleich, wie ein Rennen zwischen zwei Booten ausgeht, bei denen einmal die Düse über und einmal unter Was-

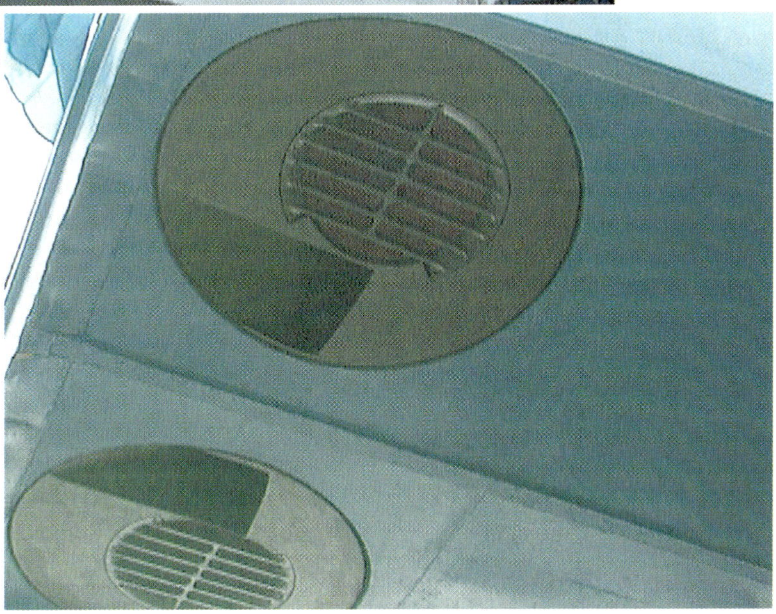

ser angebracht ist. Das Boot mit der über dem Wasser liegenden Düse gewinnt. Interessant ist, daß Feuerlöschboote unter Wasser Düsen besitzen, die während des Löscheinsatzes durch Herauspressen von Wasser den Gegenimpuls zum Stabilisieren des Bootes liefern. Denn das über Wasser aus den Löschrohren strömende Wasser stößt ja das Boot in die Gegenrichtung. Unter Wasser muß dann der Gegenimpuls aufgebaut werden. Eindrucksvoll zeigen unsere Boote, wie wichtig es ist, viel Masse nach hinten wegzustoßen, um vorwärts zu kommen, also einen großen Impuls zu erhalten. Die Pumpen besitzen die gleiche Stärke. Einmal wird aber nur mit Luft vermischtes Wasser nach hinten weggestoßen – im anderen Fall pures Wasser. Das unvermischte Wasser hat mehr Masse, als das Wasser mit den Luftblasen und deshalb ist dieses Boot auch schneller.

# 39

# *Wie sich Schwimmen auszahlt*

## *Das Kunststück:*

In den beiden Gläsern befinden sich zwei unterschiedliche Flüssigkeiten. Die eine ist leichter – z. B. Motoröl – die andere ist schwerer. Deckt man das eine Glas mit einer Karte ab und stülpt es um, so kann man die Gläser mit der Öffnung übereinander setzen.

Zieht man die Karte weg, so steigt das Öl nach oben und das Wasser fällt nach unten. Weil die Flüssigkeiten unterschiedlich gefärbt sind, kommt es zu einem schnellen farblichen Wechsel in den beiden Gläsern.

## *Das knoff-hoff:*

Klar ist, daß die leichtere Flüssigkeit im Glas nach oben steigt. Öl und Wasser besitzen eine ausgeprägte Grenzschicht, so daß beim Ausgleich der verschieden schweren Flüssigkeiten sich beide nicht vermischen, sondern in den Gläsern nur aneinander vor-

beifließen und dabei die Positionen wechseln.
Übrigens könnte man mit dieser Methode immer wieder Sherry aus einem Faß abzapfen. Dazu wird eine Flasche mit Wasser gefüllt und in das Spundloch gedrückt. Der leichtere Sherry steigt nach oben, das Wasser

fließt in das Faß. Allerdings ist nach mehreren derartigen Aktionen der Sherry im Faß arg verwässert.

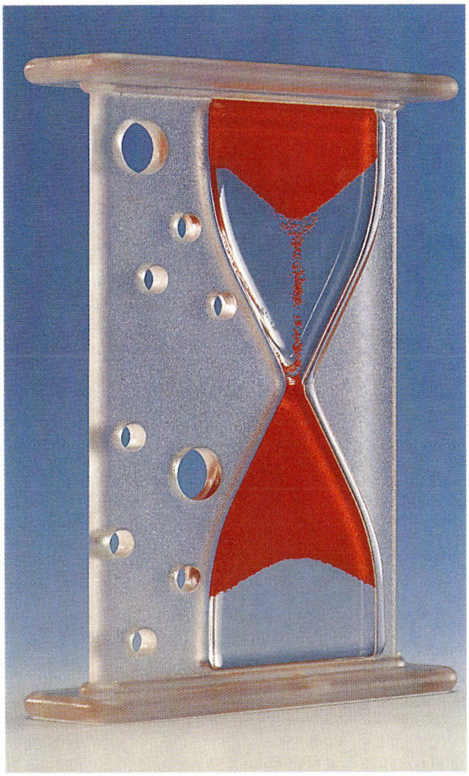

## Tricks und Tips:

Auch beim Schwimmen kommt es zu Überraschungen. In dieser Sanduhr laufen die Körner verkehrt herum nach oben. Nach dieser Zeitmessung würde hier die Zeit rückwärts laufen. Der Trick ist, daß die Körner aus Kunststoff sind und in der Sanduhr in einer Flüssigkeit schwimmen. Die Körner sind leichter als die Flüssigkeit und drängen deshalb nach oben.
Dieses Aufschwimmen macht man sich übrigens beim Ernten von Preiselbeeren zu nutze. In den USA werden Preiselbeeren in Plantagen angepflanzt. Zur Ernte werden die Felder unter Wasser gesetzt, die Büsche mit Maschinen geschüttelt und

die Preiselbeeren schwimmen, weil sie leichter als Wasser sind, obenauf. So können die Preiselbeeren dann abgesaugt werden.

Boote lassen sich einfach konstruieren – denken viele. Aber hinter Booten steht eine Menge Knoff-hoff – einiges sogar unter Wasser. In unserem Experiment lassen wir zwei Segelboote schwimmen. Das eine besitzt einen Kiel – das andere nicht. Werden die Boote mit einem Fön angeblasen, so segelt das Boot mit Kiel – wie erwartet – davon, das andere treibt nur vor sich hin. Der Kiel bietet unter Wasser der Kraft des angeblasenen Segels den entsprechenden Widerstand, erst damit ist die Kunst des Segelns überhaupt möglich.

Ein Kiel kann bei einem Boot in bestimmten Situationen aber auch stören. Zum Beispiel dann, wenn man in den Hafen will und die Hafeneinfahrt für den Kiel zu flach ist. Hier einige moderne Konstruktionen, die dieses Problem lösen: In dieser Version läßt sich der Kiel hochklappen. Der Kiel spaltet sich dabei in zwei Hälften.

Das andere Modell zeigt, daß man diesen Kiel hydraulisch einfahren kann. Das Gestänge schiebt sich teleskopartig ineinander. Dadurch wird an Bord Platz gespart.

# 40

# Wirbelnde Gegenstände

## Das Kunststück:

Manchmal steckt in brotlosen Kunststücken ein Funken Genialität. Über Generationen haben Menschen sich offenbar Gedanken darüber gemacht, wie man ein Taschenmesser auf ungewöhnliche Weise öffnen kann. Bei dieser Möglichkeit wird ein Taschentuch um das Taschenmesser gewickelt. Dann wirft man das Messer auf eine Holzwand und läßt es dabei blitzschnell aus dem Tuch rollen. Ein Könner macht das sogar so, daß es danach mit der Klinge in der Holzwand steckt.

## Das knoff-hoff:

Wie die Hochgeschwindigkeitsaufnahmen zeigen, beginnt das Taschenmesser durch das Abrollen um seine eigene Achse zu rotieren. Dabei wirken Zentrifugalkräfte, die die Messerklinge nach außen reißen, eine verblüffende Ausnutzung dieser Kraft.

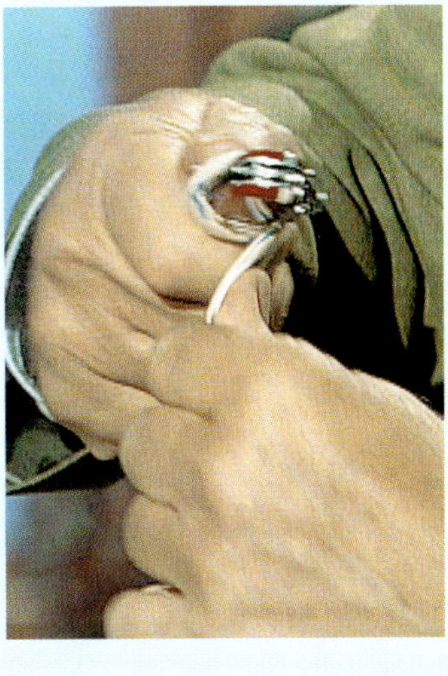

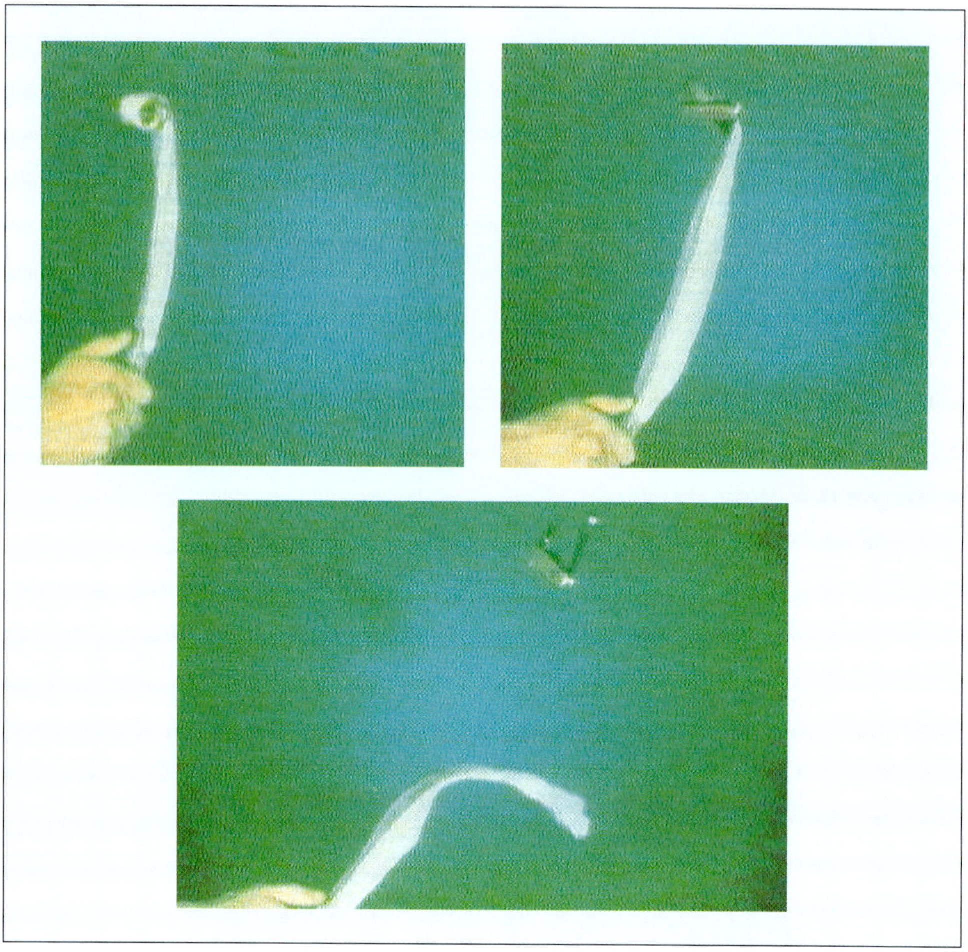

Daß die Zentrifugalkraft eine starke Wirkung haben kann, ist bekannt. Mit ihrer Hilfe ist es sogar möglich, aus einer Kette ein stabiles Rad zu machen. Dazu wird die Kette auf eine Scheibe gelegt. Zwei Walzen rotie-

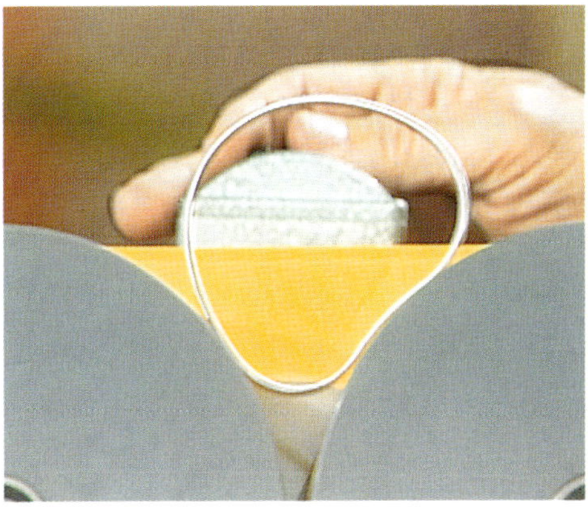

ren sehr schnell. Die Scheibe mit der umgelegten Kette nimmt bei Kontakt diese Drehbewegung auf. Dann läßt man die rotierende Kette langsam auf die Walzen übergleiten. Bei maximaler Geschwindigkeit ist die Kette so fest wie ein Rad – jedes einzelne Glied wird durch die Zentrifugalkraft nach außen geschleudert. Bremsen die Walzen ab, so ist es mit dieser Stärke vorüber und die Kette gleitet formlos nach unten.

## Tricks und Tips:

Auch beim Kettenkarussell ist man starken Zentrifugalkräften ausgesetzt. Die Zentrifugalkraft ist vom Abstand des Gegenstandes von der Drehachse abhängig, außerdem von der Drehgeschwindigkeit und der Masse. Je größer die Masse, die in Drehung gebracht wird, desto stärker der Zug nach außen. Bei der Konstruktion eines Kettenkarussells müßte man ei-

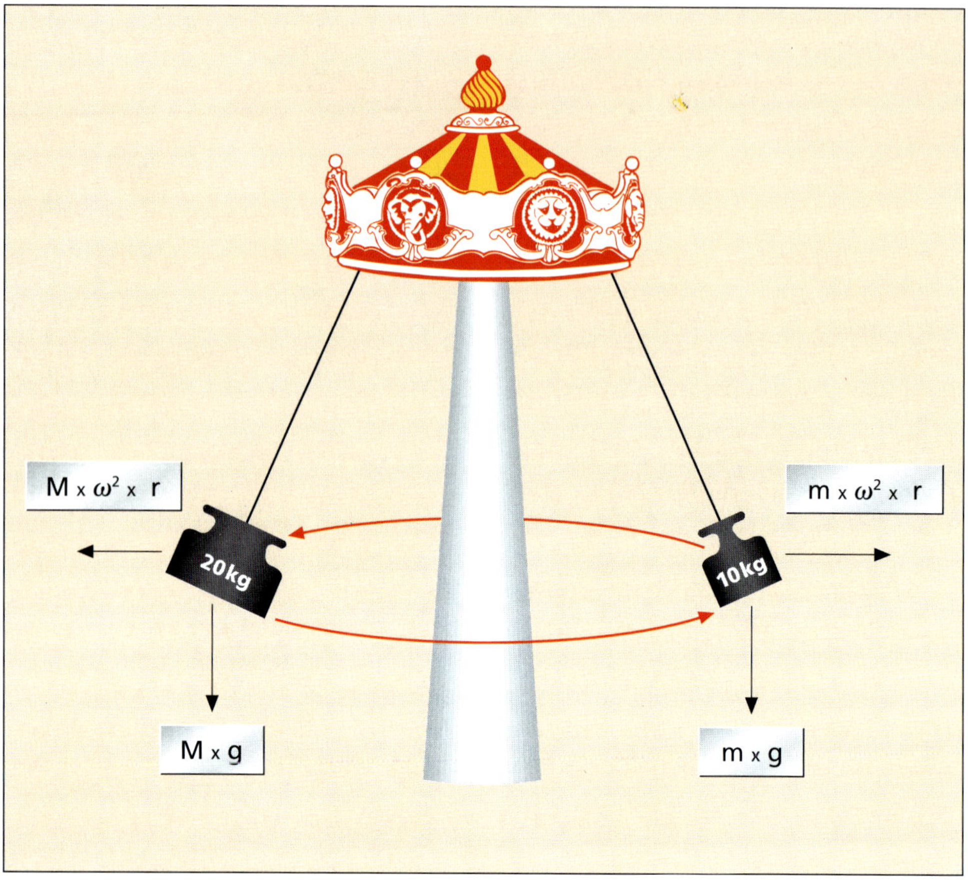


gentlich darauf achten, daß bei einer Fahrt immer jeder Sitz besetzt ist, um einer ungleichmäßigen Anhebung der Kettensessel entgegenzuwirken. Aber hat das Gewicht auf den Sitzen tatsächliche eine Auswirkung auf die Auslenkung des Karussells?

Führt man das Experiment durch, so sieht man, daß die leeren Sitze genauso weit ausgelenkt werden, wie der eine Sitz, der zusätzlich mit einem Gewicht beschwert ist. Also eine Erleichterung für den Karussellbesitzer, der seine Fahrgäste nicht vor Antritt der Fahrt wiegen muß! Die Auslenkung der Sitze ist also unabhängig von der Masse. Ein mit dem Gewicht belasteter Sitz wird zwar stärker von der Schwerkraft nach unten gezogen, aber er wird durch seine größere Masse auch intensiver nach außen gedrückt. Beide Effekte heben sich also auf.

Verständlich wird das, wenn man sich vor Augen hält, daß die Auslenkung ja ein Gleichgewichtszustand zwischen der Schwerkraft, die nach unten zieht, und der Zentrifugalkraft, die nach außen drückt, ist. Beide Kräfte sind von der Masse abhängig, auf die sie wirken. Im Gleichgewichtszustand werden die beiden Kräfte mathematisch gleichgesetzt, und die Masse kürzt sich in dieser Gleichung heraus: Die mathematische Beschreibung des Vorganges, daß die Auslenkung der Ketten unabhängig von der an ihnen hängenden Masse ist. Auf eines sollte der Karussellbesitzer dennoch achten – auf die Kettenlänge. Das Experiment zeigt, daß bei langer Kette die Sitze stärker ausgelenkt werden als bei kurzer. Das ist auf dem Foto gut zu erkennen.

Und weil wir gerade bei Drehungen sind – mit ihrer Hilfe kann man auch hohle Osterhasen oder Nikoläuse herstellen. Dabei geht es allerdings nicht um Zentrifugalkräfte. Für viele ist ja unerklärlich, wie man diese hohlen Schokoladenfiguren herstellen kann. Hier ist des Rätsels Lösung. In die Hohlform wird heiße und deshalb flüssige Schokolade gefüllt. Die Scheibe beginnt sich zu drehen, die einzelne Form rotiert dabei zusätzlich um die eigene Achse. Dadurch verteilt sich die Schokolade beim Erstarren gleichmäßig. Je nach Fest muß man diese drehbaren Hohlformen nur als Osterhasen- oder Nikolausvorlagen montieren.

# 41

## *Mit Blasen schwimmen*

### *Das Kunststück:*

Rosinen schwimmen normalerweise nicht im Wasser, unter bestimmten Umständen läßt sich das aber ändern. Wirft man einige Rosinen in Sprudelwasser, kann man beobachten, daß die Rosinen aufsteigen und nach kurzer Zeit wieder herunterfallen. Was ist die Ursache für diese wundersame Bewegung?

### *Das knoff-hoff:*

Wenn man genau hinschaut, erkennt man, daß sich an die Rosinen kleine Gasbläschen aus dem Sprudelwasser

anlagern. Dadurch erhält die Rosine einen so großen Auftrieb, daß sie nach oben steigt. An der Oberfläche zerplatzen diese Blasen, die Rosine wird wieder schwerer und fällt nach unten. Dort angekommen wiederholt sich der Ablauf. Das ist des Rätsels Lösung für die tanzenden Rosinen.

Wenn man etwas Zeit investiert, kann man diesen Effekt für ein Spielzeug ausnutzen. Jetzt geht es nicht um einfaches Sprudelwasser, sondern um Champagner. Am Korken wird mit einer Stecknadel ein stabiler Pappstreifen drehbar befestigt. An der einen Seite befestigt man einen Faden, an dem eine Rosine hängt und tariert auf der anderen Seite das System so aus, daß es auf der Rosinenseite etwas schwerer ist. Ein Glas wird mit Champagner gefüllt und die Rosine am Faden in das sprudelnde Naß gehalten. Wie erwartet fällt die Rosine nach unten – dann aber steigt sie nach oben, wobei der Pappstreifen nach rechts kippt. Oben angekommen verliert die Rosine ihre Blasen und damit ihren zusätzlichen Auftrieb und zieht den Balken wieder nach unten. Dort wiederholt sich dieser Vorgang. Der Vorschlag für eine „Sektschaukel".

## Tips und Tricks:

Dieses Anlagern von Gasblasen ist aber nicht nur als Spielerei gedacht, es kann auch zu einer aufregenden, neuen technischen Anwendung führen. Ein Problem ist, Kunststoffe auf die richtige Weise zu recyceln. Besonders wichtig dafür ist es, die unterschiedlichen Kunststoffsorten vonein-

ander zu trennen. Nur dadurch kann man mit dem recycelten Kunststoff noch einen bestimmten Qualitätsstandard erreichen. Denn jeder Kunststoff erhält seine Eigenschaft – ob elastisch oder spröde – durch den Aufbau der Molekularketten. Werden verschiedene Kunststoffe einfach bloß eingeschmolzen, so mischen sie sich und heraus kommt nur eine Sorte Kunststoff minderer Qualität. Die wichtige Trennung geschieht auf verschiedene Weisen. Besitzen die Kunststoffe ein unterschiedliches spezifisches Gewicht, so kann man sie einfach in Wasser oder andere Flüssigkeiten werfen. Dabei werden die leichten Kunststoffe aufschwimmen, und man kann sie abschöpfen. Häufig sind die Kunststoffe aber mehr oder weniger gleich schwer. Um sie zum Schwimmen zu bringen, könnte man, wie bei den Rosinen, Gasblasen anlagern.
Das ist einfach zu bewerkstelligen. Bei diesem Gefäß ist der Zwischenboden durchlöchert, dadurch läßt sich mit Preßluft perfekt ein Strom aus Luftblasen erzeugen. Der Nachteil ist jedoch, daß sich die Luftblasen an alle Kunststoffstücke anlagern, die am Boden herumliegen. Dadurch werden alle Kunststoffsorten gleichermaßen aufgetrieben. Die schwarzen und weißen Kunststoffstücke sind zwar grundverschieden, jedoch auch gleich schwer. Und an sie lagern sich auch gleich gut die Blasen an. Will man sie mit der Blasenmethode trennen, muß man einen Trick anwenden. Die Oberflächen müssen unterschiedlich benetzbar gemacht werden. Das heißt, Wasser soll sich durch eine Vorbehandlung mehr oder weniger gut anlagern können. Ist die Oberfläche nicht gut benetzbar, so wird Wasser abgewiesen und die Gasbläschen lagern sich bevorzugt an. Diese Unterschiede in der Benetzbarkeit kann man auf chemischem oder physikalischen Weg erreichen. In diesem Beispiel wurden die Kunststoffe in ein elektrisches Plasma gebracht. Dadurch verändert sich die Oberflächenstruktur – das ist der springende Punkt. Durch diese Veränderung lagern sich an die eine Kunststoffsorte die Bläschen besser an als an die andere. Diese, und nur diese Stücke werden dadurch nach oben getrieben und können abgeschöpft werden. Bei uns sind das die schwarzen Kunststoffe. Die weißen bleiben am Boden liegen und haben sich so von den schwarzen Kunststoffstücken getrennt. Eine Methode, die vielleicht auch in der Zukunft eingesetzt wird.

# 42

## Was alles im Ketchup steckt

### Das Kunststück:

Wasserpistolen üben wohl auf alle Kinder eine Faszination aus. Solange sie nur mit Wasser spritzen, geht das noch. Man kann die feuchte Schlacht aber auch anders führen – und mit Ketchup schießen. Zunächst mag man gar nicht glauben, daß dies mit

Ketchup überhaupt geht, ist es doch relativ fest und auf den ersten Blick nicht geeignet, als Flüssigkeit verspritzt zu werden. Wie es trotzdem funktioniert, zeigt dieser Versuch. Tatsächlich spritzt das Ketchup wie Wasser durch die Luft – auf der Glasscheibe angekommen, klebt es relativ fest auf dieser Unterlage. Wasser hingegen läßt sich leicht verspritzen und läuft auch beim Auftreffen sofort die Glasscheibe nach unten. Warum ändert sich der Zustand von Wasser nicht – der von Ketchup aber doch?

### Das knoff-hoff:

Ketchup gehört zu den sogenannten „nicht-newtonschen" Flüssigkeiten. Das bedeutet für Ketchup nichts anderes, als daß es sich unter Druck weiter verflüssigt – hört der Druck auf, so wird es wieder fester. Die Ursache liegt im molekularen Aufbau. Unter

der Einwirkung äußerer Kräfte arrangieren sich die Moleküle so, daß sie leicht aneinander vorbei gleiten. Hört der Druck auf, so vernetzen sich diese Moleküle wieder und die Flüssigkeit wird nahezu fest. Diese Erfahrung können Sie mit jeder Ketchup-Flasche machen. Kippt man nach dem Öffnen die Flasche, so fließt zunächst nichts heraus. Erst wenn auf die Flasche geschlagen wird, verflüssigt sich das Ketchup unter dem Druck und fließt – oft zu reichlich – aus der Flasche. Auch hier verändert der ausgeübte Druck das Fließverhalten der Substanz.

## Tricks und Tips:

Mit dem entsprechenden Design der Moleküle kann man Flüssigkeiten sehr unterschiedliche Eigenschaften geben. Allein schon, wenn man Flüssigkeiten mit Wasser mischt, zeigt sich ein ungewöhnliches Verhalten. Zieht man diesen Holzstab langsam aus der Stärke-Wasser-Mischung, so geht das – wie erwartet – problemlos. Macht man das aber schnell, so wird das Gemisch plötzlich hart. Der Holzstab bleibt haften, es läßt sich auf diese Weise sogar der Behälter hochheben. Also genau gegensätzlich zum Verhalten von Ketchup! Unter der Einwirkung von Kräften wird das Gemisch aus Stärke und Wasser fest. Das liegt daran, daß die Stärkekörner nicht wirklich im Wasser gelöst sind. Sie bilden vielmehr eine Suspension, d. h. kleine Stärkeklümpchen sind von einem Wasserfilm umgeben. Wird Druck ausgeübt, so wird das Wasser weggedrückt, die Stärkekörner verhaken miteinander, und so wird die Flüssigkeit fest.

Solche Eigenschaften versucht man auch in der Technik einzusetzen. Es ist möglich, Kunststoffe mit solchen Flüssigkeiten zu konstruieren. Dieses Experiment zeigt, wie Stoßdämpfer mit solchen Materialien aussehen könnten. Wird wenig Druck auf die Kolben ausgeübt, so verhalten sich alle Testflüssigkeiten in etwa gleich. Wird die Bewegung heftiger,

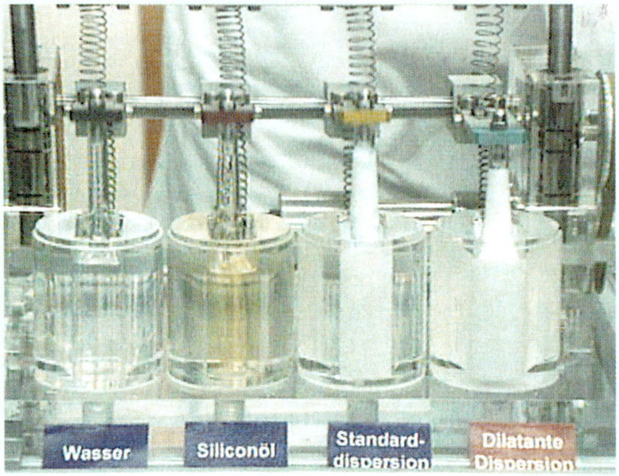

so verändert sich auch ihre Zähigkeit. In der neuen „Stoßdämpfer-Flüssigkeit" verhaken sich jetzt die Bestandteile miteinander. Der Stoßdämpfer wird also bei stärkerer Belastung automatisch härter, eine gewünschte Eigenschaft. Auch Tests für Flüssigkeitskupplungen mit diesen neuen Materialien werden gemacht. Beginnt sich der äußere Behälter zu drehen, so nimmt er einen Teil der Flüssigkeit mit. Die Flüssigkeit gerät mit zunehmender Drehzahl unter immer stärker werdenden Druck und wird dadurch auch immer zäher. Ab einem bestimmten Zeitpunkt ist die Zähigkeit so gestiegen, daß sich schließlich die andere Scheibe mitdreht. Und das ist genau das gewünschte Verhalten für eine Flüssigkeitskupplung.

In der Küche befinden sich noch mehr Flüssigkeiten mit überraschenden Eigenschaften. Rührt man Milch mit einem elektrischen Quirl um, so passiert nichts Aufregendes. Macht

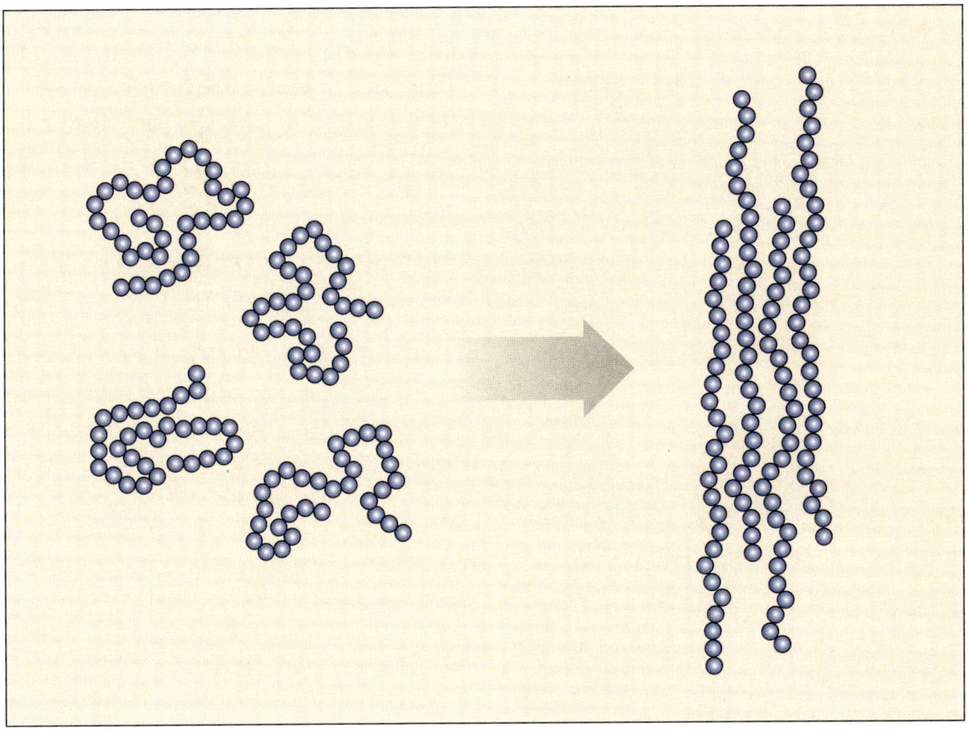

man das aber mit Eierschaum, dann sieht man, wie der Eischaum regelrecht den sich drehenden Rührstab hochkriecht. Eiweiß besteht ja aus langen Molekülketten. Sie werden von dem Rührstab in die Länge ge-

streckt. Und die Molekülketten wickeln sich – einem Gummiband gleich – um das Rührwerk. Zum Zentrum hin entsteht Druck – deshalb klettert das Eiweiß am Rührstab nach oben.

Kunststoffe lassen sich so konzipieren, daß sie ein ähnliches Verhalten zeigen. Dieser Kunststoff ist sehr flüssig. Gießt man etwas davon über die Trommel und läßt diese sich drehen, wird der Kunststoff unter Einwirkung dieser Kräfte sehr zäh und man kann ihn aufwickeln. Auch hier sind lange Molekülketten die Ursache für dieses Verhalten. Die Moleküle werden unter Einwirkung der Kraft gestreckt. Das geht nur bis zu einer bestimmten Grenze. Dann erhalten die in die Länge gestreckten Molekülketten eine Festigkeit, die das Aufwickeln ermöglicht. Bleibt die Trommel stehen, tropft der Kunststoff wieder ins Gefäß zurück, weil die Kräfte nicht länger wirken.

Auch beim Aufsaugen wirken diese Kräfte, so daß man den flüssigen Kunststoff über einige Zentimeter frei führen kann, ehe er vom Ansaugrohr umschlossen wird.

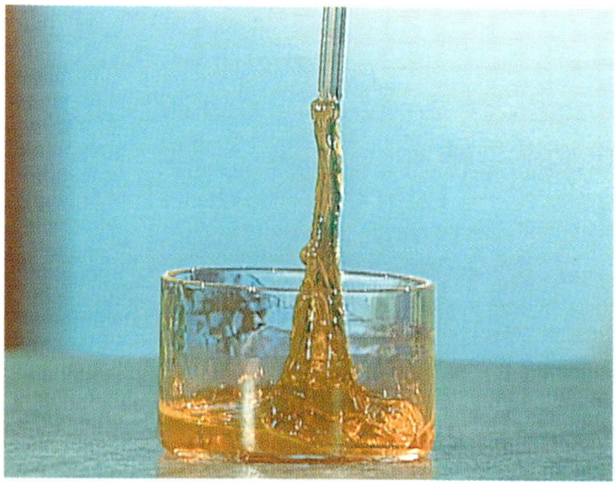

# 43

# Was den Tausendfüßler steuert

## *Das Kunststück:*

Auch ein Tausendfüßler läßt sich nur zu gerne von Nahrung verlocken und läuft zielstrebig auf jedes Angebot zu. Um es ihm etwas schwerer zu machen, muß er in diesem Experiment erst einmal in einem Gang um eine Kurve kriechen. Erst dann könnte er direkt auf die Nahrungsquelle lossteuern. Aber – nach der Kurve krabbelt er nach links, statt direkt auf den Apfel zu. Haben wir etwa ein weniger intelligentes Exemplar für dieses Experiment ausgewählt?

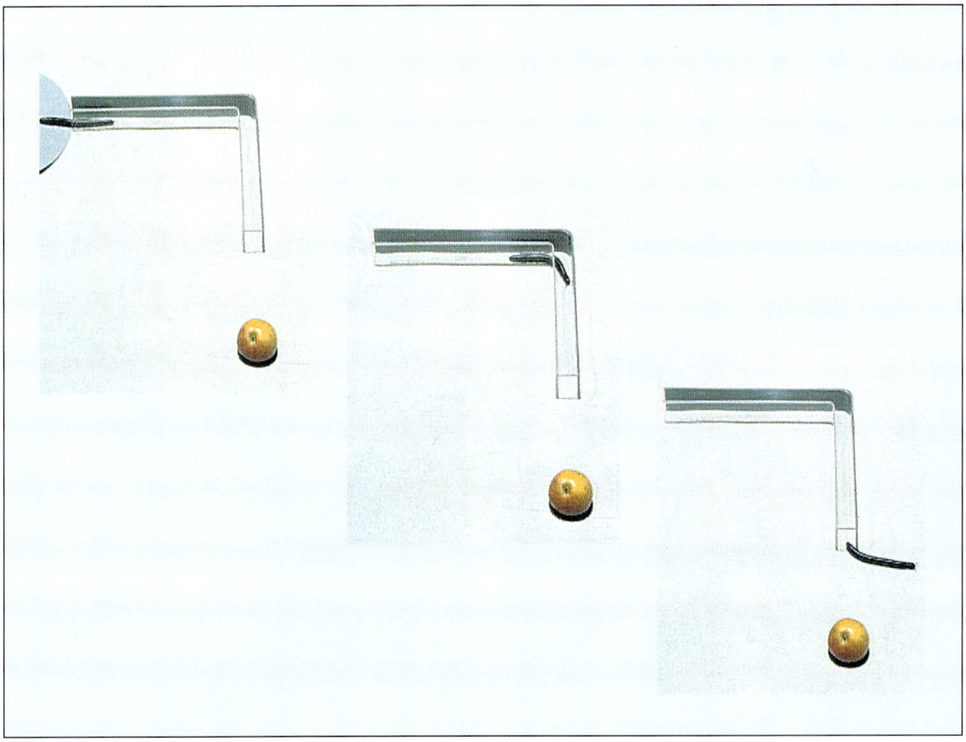

## Das knoff-hoff:

Alles reine Nervensache. Wenn der Tausendfüßler durch den Verlauf des Ganges gezwungen wird, um die Kurve zu krabbeln, müssen alle Muskeln dementsprechend eingestellt werden. Wenn er den Weg zurück zu seinem Heimatgebiet finden will, muß er sich diese Abweichung merken und bei der nächsten Gelegenheit diese erzwungene Kurve wieder ausgleichen. Der Winkel der Ablenkung wird in den Muskeln gespeichert und mit der entsprechenden Gegenbewegung korrigiert, sobald er den Gang verlassen hat. Er läuft – wie auf dem Bild gut zu sehen ist – wieder parallel zu seiner ursprünglichen Laufrichtung. Die Muskeln werden von den Nervenverbindungen gesteuert. Er läuft so lange in die „falsche" Richtung, bis er diese Informationen abgearbeitet hat und sich auf ein neues Ziel einstellen kann. Dieser Mechanismus hilft ihm offenbar, sich leichter in seiner Umgebung zu orientieren.

## Tricks und Tips:

Auch unsere Muskeln werden von Nervenimpulsen gesteuert, und das nutzt man auf ganz andere Weise aus. Wenn Muskeln sich bewegen, entstehen auch elektrische Spannungen. Mit Elektroden kann man diese elektrischen Spannungen von den Muskeln abgreifen. Diese elektrischen Spannungen treten immer dann auf, wenn die Muskeln aktiviert werden. Die Roboterhand in diesem Versuch ist nach ihrem natürlichen Vorbild konstruiert. Drähte und Elektromotoren übernehmen die Funktion der Muskeln. Bewegt sich die echte Hand, so gelangen elektrische Impulse über die Nervenbahnen zu dem entsprechenden Muskel – dieser wird aktiviert und gibt dabei selbst elektrische Spannung ab. Leitet man diese Signale über Elektroden auf die Roboterhand, so wird diese damit entsprechend gesteuert und bewegt sich simultan. Man sieht, daß der Nachbau schon sehr gut funktioniert. Die fremdgesteuerte Roboterhand kann zart ein rohes Ei greifen. Eingesetzt werden diese Roboterelemente als Prothesen.

In der Robotertechnik will man auch die Bewegung einer Schlange nachbauen. Dieser Roboter besitzt keine Räder, sondern Motoren wickeln koordiniert Schnüre auf, eingebaute Gummiteile erzeugen beim Zusammenpressen einen Gegendruck, so daß das der Bewegung einer Schlange schon

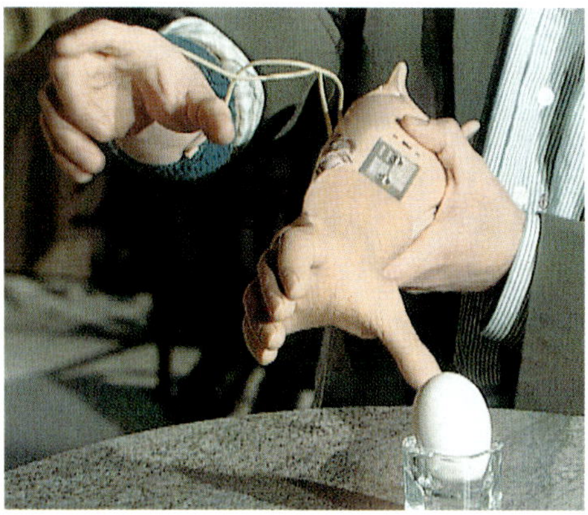

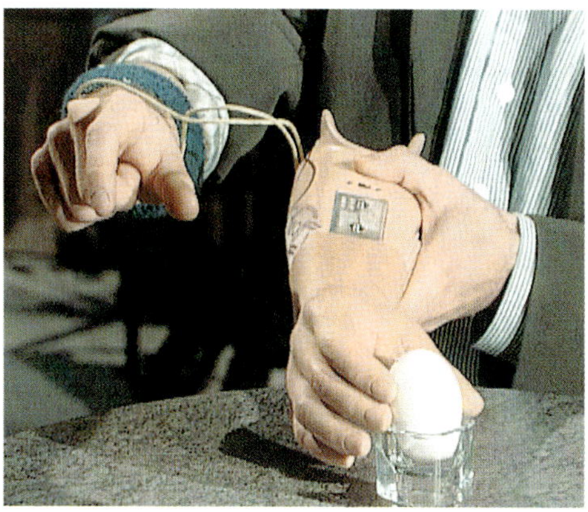

recht ähnlich sieht. Am Kopf befinden sich lichtempfindliche Sensoren, die auch auf das Licht der Taschenlampe reagieren. Diese Sensoren lassen die Roboterschlange der Lichtquelle folgen, so daß sie in Zukunft selbständig ihren Weg aus einer Röhre ins Freie – zum Licht hin – finden kann.

# 44

# *Die stabile Dose*

## *Das Kunststück:*

Konservendosen sollen eine möglichst dünne Wand haben. Das spart Gewicht und Material. Diese beiden Dosen werden einem Test unterzogen. Die eine hat drei Ringe im Blech, die andere ist mit Waben überzogen. In der Überdruckkammer ist zu sehen, daß die Dose mit den Ringen

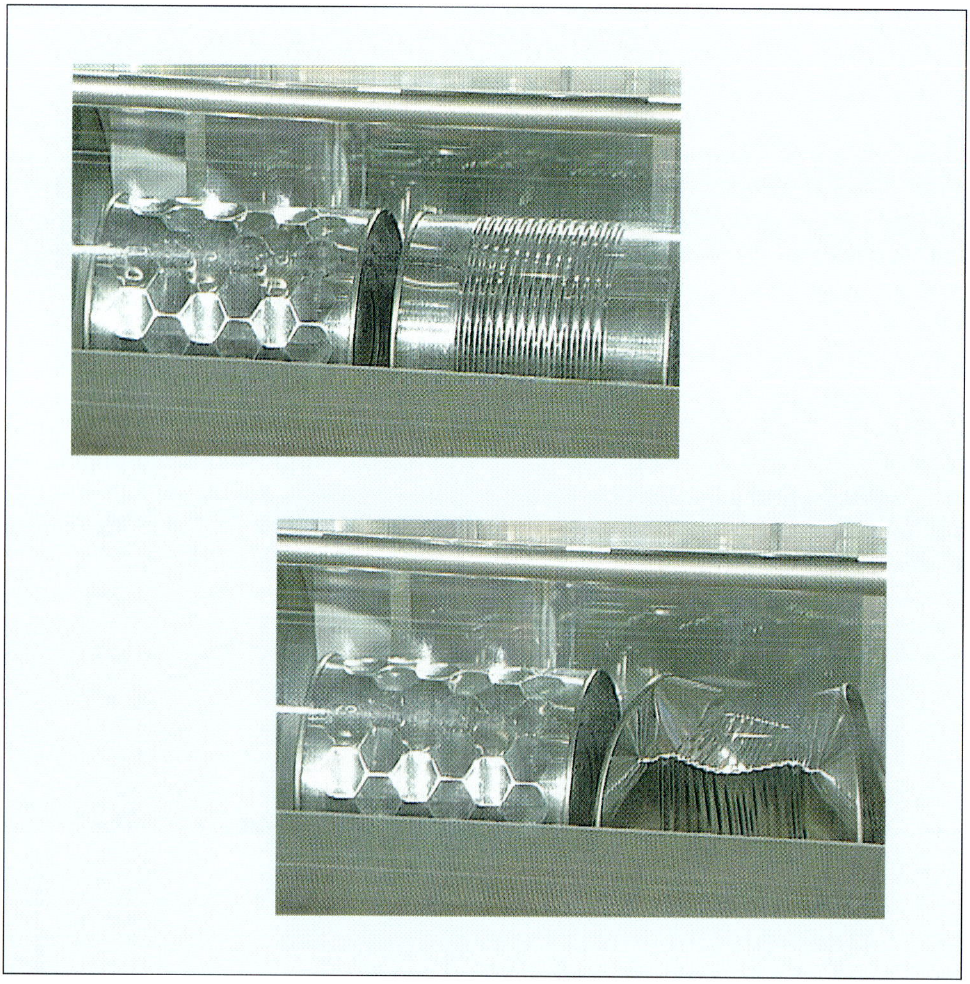

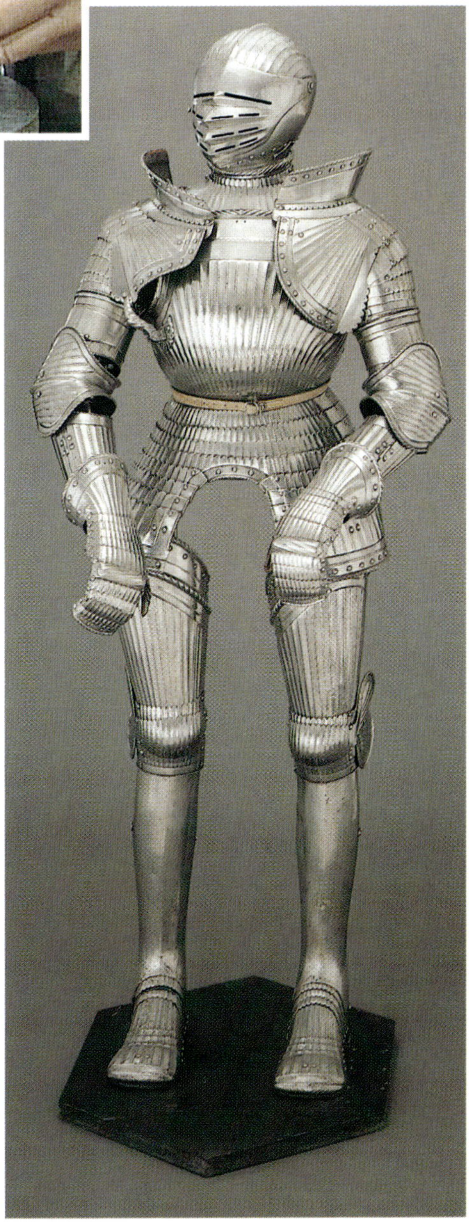

zuerst zusammenbricht – die Dose mit der wabenförmigen Struktur ist stabiler.

## *Das knoff-hoff:*

Diese Strukturierung des Dosenblechs dient offensichtlich dazu, die Stabilität der Dosen zu erhöhen. Drückt man unstrukturiertes Blech mit dem wabenförmig gemusterten Blech zusammen, so ist an den Verformungen zu sehen, daß die Struktur die Stabilität der Dose erhöht. Man hat schon immer versucht, Dosen mit besonderen Strukturen stabiler zu machen. Mit den Ringen sind heute alle Dosen versehen – neu ist die Wabenstruktur. Mit ihr werden die Kräfte noch günstiger verteilt, so daß diese Dose noch stabiler ist. Das Dosenblech kann dadurch um 1/3 dünner gemacht werden – so kann man bei gleicher Festigkeit 20–30% des Materials sparen. Und darauf kommt es ja aus wirtschaftlichen und transport-technischen Gründen an.
Übrigens, schon die Ritter im Mittelalter wußten die festen – weil gewellten – und dennoch leichten Blechhüllen zu schätzen. Zu Beginn des 16. Jahrhun-

derts wurden sogenannte Riefelharnische benutzt. Die gewellten oder „geriefelten" Metallflächen besaßen eine höhere Festigkeit, so daß die Metallteile dünner und damit leichter hergestellt werden konnten. Bald stellte sich aber die Herstellung als zu teuer heraus, und man kehrte wieder zu den alten, glatten Rüstungen zurück.

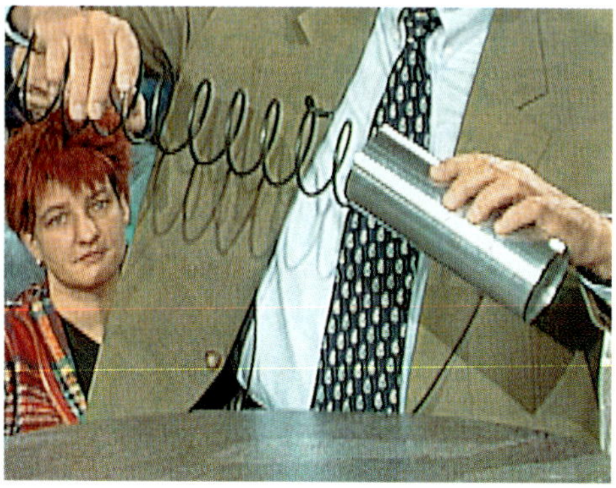

Interessant ist, wie diese neuen Dosen hergestellt werden. Eine Spirale beult beim Hineindrehen eine Linie aus. Wird jetzt von außen gleichmäßig Druck ausgeübt, so bildet sich plötzlich eine Wabenstruktur. Ein Beispiel von Selbstorganisation in der Natur – Auslöser für die Wabenbildung sind nur das Einritzen mit der Spirale und der äußere Druck. Wabenstrukturen werden ja auch sonst in der Natur eingesetzt. Sie sind äußerst stabil, wie man an Bienennestern sehen kann.

## *Tricks und Tips:*

Dosen kann man auch einfach zusammenfalten, wenn man eine Sollbruchstelle einbaut, die nach dem Gebrauch aktiviert wird.

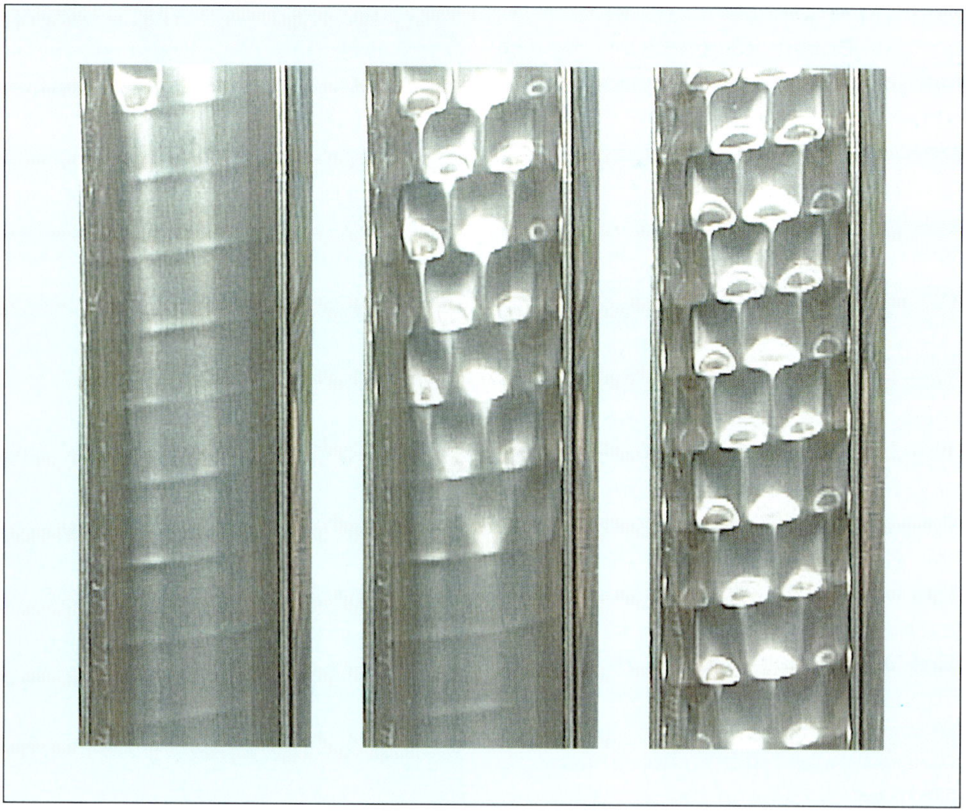

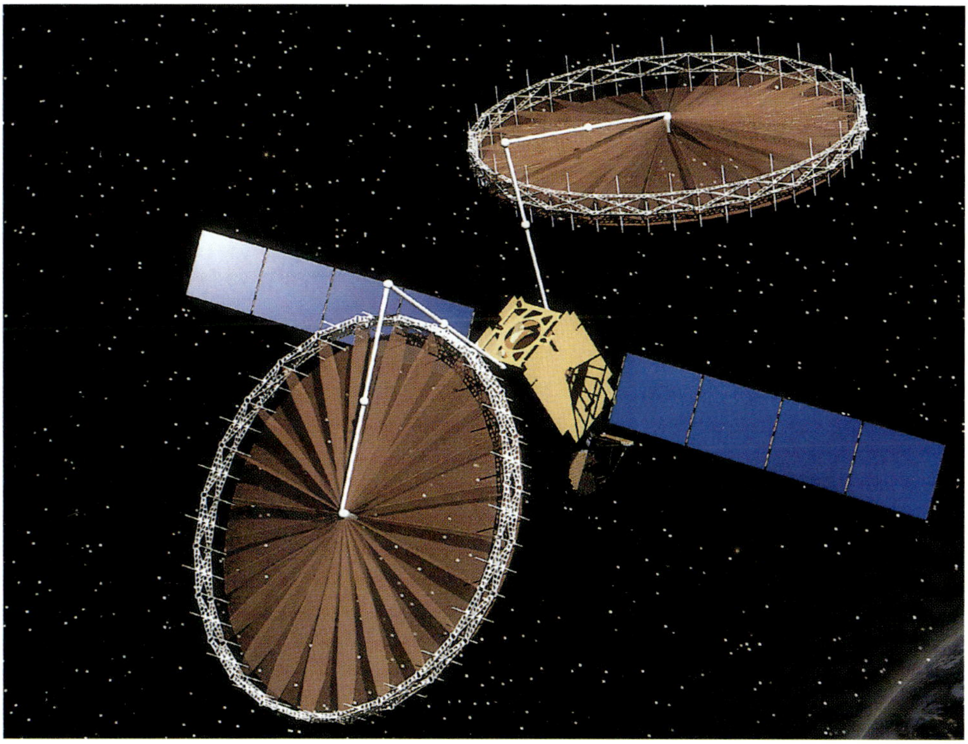

Falttechniken sind oft gefragt, im Weltraum z. B. Mit der Rakete kann nur schwer eine sperrige Nutzlast transportiert werden – Solarzellenstrukturen bereiten dabei Probleme. Gelernt haben die Weltraumtechniker von der japanischen Papierfaltkunst – dem Origami. Die Solarzellen bestehen aus Folien, die mit einer tragfähiger Struktur zusammengefaltet in der Rakete untergebracht wird. Im Weltraum entfaltet sich dann diese Struktur. Ein beson-

ders eindrucksvolles Beispiel der Falttechnik ist diese Kugel. Sie besteht aus 980 Einzelelementen und kann ihr Volumen um das 70-fache vergrößern – und das stufenlos und indem sie immer ihre Kugelgestalt beibehält.

# 45

## Erstaunliches mit Flüssigkeiten

### Das Kunststück:

Manchmal ist es wichtig, etwas sehr schnell auszuleeren – Wasser zum Beispiel. Dieses Experiment zeigt selbst

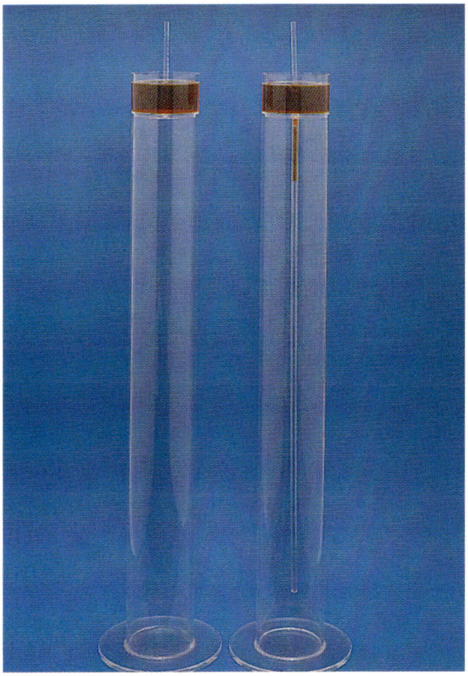

bei diesem einfachen Vorgang eine Überraschung. Zwei Gefäße sind mit farbigem Wasser gefüllt. Die Gefäße sind unten durchbohrt, die Löcher sind gleich groß und mit Korken verschlossen. Der einzige Unterschied ist, daß von dem einen Gefäß ein langes Glasrohr herausführt. Ziehen wir die Korken heraus, so kann das Wasser bei dem einen Gefäß durch das Rohr ablaufen, bei dem anderen tritt es sofort aus dem Loch aus. Die Beobachtung ist, daß das Wasser durch das Rohr schneller abläuft als ohne Rohr.

### Das knoff-hoff:

Das Wasser kann im Rohr besser nach unten strömen, weil sich durch die Führung im Rohr weniger Wirbel ausbilden. Die Strömung ist hier einfach glatter. Wirbel bedeuten immer einen

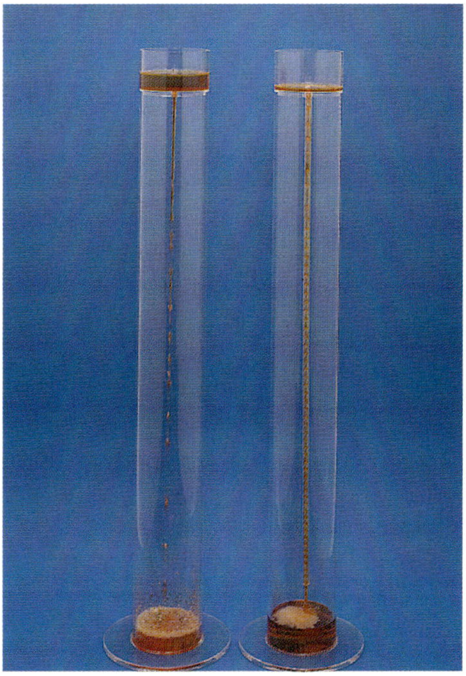

Energieverlust, denn die Wirbel müssen ja zunächst gebildet werden – und dazu benötigt man Energie. Der größere Effekt ist jedoch in dem Zusammenhalt der Wassermoleküle zu suchen. In dem „geordneten" Abfließen durch das Rohr kann das herabfallende Wasser besser weitere Wasserportionen nachziehen. Und deshalb fließt das Wasser im Rohr schneller ab als ohne Rohr.

## *Tricks und Tips:*

Wie abfließende Flüssigkeiten auch für Überraschungen sorgen können, zeigt das Experiment mit dem Trichter. Er ist mit Wasser gefüllt, auf der Oberfläche schwimmt ein Korken. Läßt man das Wasser herausfließen, so wird der Korken plötzlich nach unten gezogen und verschließt den Abfluß. Der Wasserdruck hält ihn in dieser Position, das Herauslaufen des Wassers ist damit gestoppt. Die Ursache dafür ist der fehlende Auftrieb. Wenn ein Körper schwimmt, so besitzt er einen Auftrieb, d. h. er wird an seiner Unterseite vom Druck der Flüssigkeit nach oben gehoben. Fließt jedoch das Wasser unter ihm weg, so fehlt dieser hochtreibende Druck – der Korken „fällt" nach unten.

Eindrucksvoll kann man die Verteilung dieser Druckverhältnisse mit diesem Experiment demonstrieren. Ein schwimmender Korken wird auf den

Boden eines Wasserglases gedrückt und bleibt dort „kleben". Jetzt kann kein Druck des Wassers mehr von unten wirken. Allein die Last des Wassers von oben zählt, und die hält den Korken am Boden fest.

# 46

## Tiefe Temperaturen ausnutzen

### Das Kunststück:

Vor allem Kinder lieben es, immer wieder überrascht zu werden. Hier bieten wir einen Topf mit ungewöhnlichem Inhalt an – Luftballons in flüssigem Stickstoff. Legt man sie auf den Tisch, dann blasen sie sich wie von selbst auf. Zauberei?

### Das knoff-hoff:

Die Luftballons wurden aufgeblasen und verknotet. Dann wurden sie mit flüssigem Stickstoff übergossen. Flüssiger Stickstoff hat eine Temperatur von –196 Grad Celsius. Kalt genug, damit sich die Luft extrem zusammenzieht und die Luftballons ziemlich kraftlos im flüssigen Stickstoff herumschwimmen. Auf dem Tisch in der warmen Luft dehnt sich die Luft im Inneren der Ballons wieder aus, die Ballons gewinnen ihre ursprüngliche Größe zurück.

## *Tricks und Tips:*

Mit flüssigem Stickstoff kann man sich auch Nägel aus weichen Plastikschläuchen machen, allerdings verlieren sie ihre Härte bei Zimmertemperatur.
Und noch ein Kunststück ist möglich. In diese Flasche wird flüssiger Stickstoff gefüllt. Ein Gummipfropfen ist mit einem Schlauch durchbohrt, und der Dampfdruck preßt den flüssigen Stickstoff aus dem Schlauch. Dieser wird dabei so kalt, daß er steifgefroren in der Luft stehen bleibt.
Und weil Gefrorenes so hart ist, kann man damit auch etwas reinigen. Kleine Pillen aus Kohlendioxid sind hier gefroren. Schießt man sie mit Preßluft auf das rote Nummernschild, so platzt die Farbe ab. Sandstrahlen ohne Sand und mit großen Vorteilen, denn die Kohlendioxid-Pillen lösen sich nach getaner Arbeit wahrhaftig in Luft auf. Den Sand müßte man zusammenkeh-

ren – von der Staublunge einmal abgesehen. Diese Art der Reinigung findet auch in der Industrie ihre Anwendung. Mit flüssigem Stickstoff kann man auch etwas explodieren lassen. Diese Hohlkugel aus Gußeisen wird mit Wasser gefüllt und zugeschraubt. Übergießt man sie jetzt mit flüssigem Stickstoff, so explodiert sie regelrecht.

Das Wasser in der Kugel dehnt sich durch das Gefrieren schlagartig aus und zerreißt die Kugel.

# 47

# *Bakterien bei der Arbeit*

## *Das Kunststück:*

Wunder und scheinbar nicht erklärliche Vorfälle beeindrucken die Menschen immer wieder. Kaum einer mag es glauben, daß sich ein feuchter Heuhaufen von selbst entzünden kann. Daß dies aber möglich ist, davon können viele Versicherungen erzählen, die abgebrannte Scheunen oder Bauernhöfe bezahlen mußten. Was macht das Heu so teuflisch heiß, daß es sogar abbrennt?

## *Das knoff-hoff:*

Die Lösung des Geheimnisses sind Milchsäurebakterien, wie sie auch im Sauerkraut vorkommen und das Weißkraut zu einem solchen machen. Das Gras wird regelrecht vergoren, die Bakterien ziehen aus diesem Prozeß ihre Energie. Dabei wird auch Wärme frei. Diese Wärme kann – bei der entsprechenden Kombination zwischen feuchtem und trockenem Heu – ausreichen, um das Heu zu entzünden.

Im Herbst, bei einem Kälteeinbruch ist diese Wärmeentwicklung gut zu beobachten. Dampf steigt aus dem heißen Heu auf. Hat man den Rasen gemäht und schiebt das Gras zu einem Haufen zusammen, so fühlt es sich schon nach kurzer Zeit warm an. Ein Zeichen, daß die Milchsäurebakterien – die übrigens überall auf den Pflanzen zu finden sind – arbeiten. Dieser Gärungsprozeß findet übri-

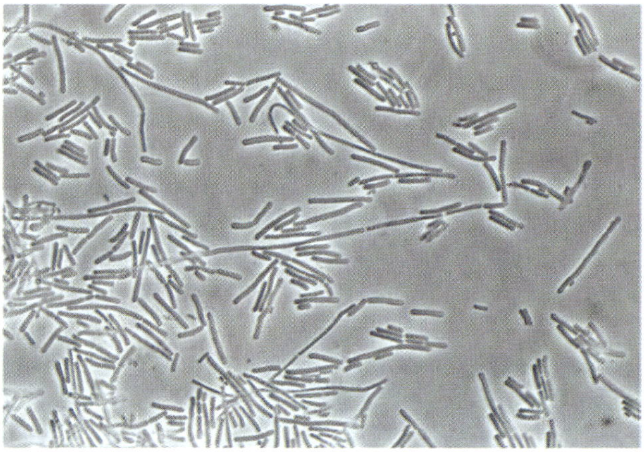

gens unter Sauerstoffausschluß statt. Milchsäure entsteht und konserviert das Gras – genau so, wie das auch beim Sauerkraut geschieht.
Landwirte nutzen diesen Prozeß seit jeher aus. In Silage-Türmen wird das Gras gezielt vergoren, dadurch haltbar gemacht und im Winter an das Vieh verfüttert. Bei diesem Prozeß entsteht Kohlendioxid, weswegen es gefährlich ist, wenn man in einen solchen Silage-Turm gerät. Seit einiger Zeit sieht man auf den Wiesen Kunststoffpakete, in denen das Gras eingepackt ist und die Milchsäuregärung abläuft. Diese Ballen haben den Vorteil, daß sie portionsweise geöffnet werden können. Beim Turm kann das ständige Aufmachen bei der Entnahme zu Fehlprozessen in der Gärung führen, die das Gras verschimmeln lassen.

## *Tricks und Tips:*

Immer wieder wurde in der Geschichte ein sogenanntes Blutwunder geschildert. Im 13. Jahrhundert nahm sich ein italienischer Priester dieses Wunders an. Er entdeckte Blutstropfen auf dem Brot, und als er es aufschnitt, war es blutrot. Heute weiß man, daß so etwas nicht unbedingt eine übernatürliche Erscheinung sein muß. Es sind Bakterien, die einen leuchtend roten Farbstoff bilden, wenn sie auf kohlenhydrathaltigen Substanzen wachsen.

Übrigens werden solche farberzeugenden Bakterien in der Mikrobiologie auch als Indikatoren für Bakterienstämme verwendet. In der Militärforschung wurden sie zusammen mit anderen Mikroorganismen zusammengebracht, um bei einer „biologischen" Kriegsführung die Ausbreitungswege der Bakterien verfolgen zu können. An sich schon ein unglaubliches Unternehmen, aber noch in den siebziger Jahren gab es Versuche dieser Art in der New Yorker U-Bahn. Die Bakterien wurden in den U-Bahn-Tunneln ausgebracht, weil man ihre Verbreitungsgeschwindigkeit studieren wollte. Heute ist diese Art von Kriegsführung überall geächtet – und zudem sind diese den roten Farbstoff bildenden Bakterien keineswegs so harmlos, wie man anfangs angenommen hatte.

Fische benutzen Bakterien, um mit ihrer Hilfe Signale in der dunklen Unterwasserwelt geben zu können. Die Fische produzieren das Licht nicht selbst, sondern unter ihren Augen haben sich Bakterien angesiedelt, die das Licht abgeben. Durch das Öffnen einer Hautfalte leuchtet dieser Bereich oder wird abgedunkelt. Dieses Blinken dient unter anderem dazu, mit dem Schwarm in der Dunkelheit der Tiefsee in Kontakt zu bleiben.

# 48

# Wie man der Hitze widersteht

## Das Kunststück:

Feuer hat die Menschen schon von jeher fasziniert. Eine alte Vision ist es, sich dem Feuer zu nähern, ohne zu Schaden zu kommen. Bekannt sind die Anzüge aus Metallfolie, die die Wärmestrahlung reflektieren und es Vulkanologen erlauben, näher an glühende Lavamassen heranzukommen.
Dieser Erfinder benutzt eine andere Methode. Er stülpt sich einfach einen speziellen Stoff über den Kopf und läßt die 1000° C heiße Flamme ganz

dicht an sich heran. Der Stoff schützt ihn offenbar vor der Hitze der Flammen.

## Das knoff-hoff:

Solche feuerfesten Stoffe sind sehr gefragt, Flugzeugsitze will man z. B. damit ausrüsten, um bei einem Unfall die Feuergefahr zu mindern. Dieser Stoff besteht nicht etwa aus Asbestfasern, er besteht aus Kunststoff. Dieses Material wird während des Webvorganges gestreckt. Dadurch spalten sich die Fasern auf. Es bilden sich mikroskopisch kleine Luftkammern, die bei der Absorption und Dämmung der

Wärmestrahlung eine große Rolle spielen. Der Stoff ist leicht durchsichtig, ein Zeichen dafür, daß er locker gewebt ist. Die Wärmestrahlung wird von dem durchscheinenden Stoff absorbiert, wie der Test mit dem Schweißbrenner an der ungeschützten Hand zeigt. Hinter dem Stoff läßt sich die Hitze noch ertragen.

## Tricks und Tips:

Auch auf andere Weise kann man dem Feuer entgehen – durch Schnelligkeit. Stuntmen fahren oder laufen sehr schnell durch eine Feuerwand und lassen es so gar nicht zur Zündtemperatur der Materialien kommen.
Manchmal ist es schon verwunderlich, was alles brennen kann. Es ist gar nicht so einfach, nicht brennbares Material zu finden. Auch Mehl brennt sehr intensiv, wenn es fein zerstäubt wird. Durch die große Oberfläche im Staub reagiert es unter Wärmeabgabe mit dem Sauerstoff in der Luft. Die Mächtigkeit der Flamme wird hier ausgenutzt, um eine Plastiktüte nach oben zu schießen. Durch das Verbrennen dehnt sich die Luft unter der Plastiktüte aus und drückt sie dabei nach oben.
Die Wärmestrahlung besteht – wie das Licht – aus elektromagnetischen Wellen. Sie ist für unser Auge unsichtbar.

Nimmt man ein bestimmtes Filterglas, so wird das sichtbare Licht von diesem absorbiert, aber man kann dennoch hinter dem dunklen Filter ein Streichholz anzünden. Ein Beweis dafür, daß die für uns unsichtbaren Wärmestrahlen – durch Linsen konzentriert – das schwarze Glas durchdringen.

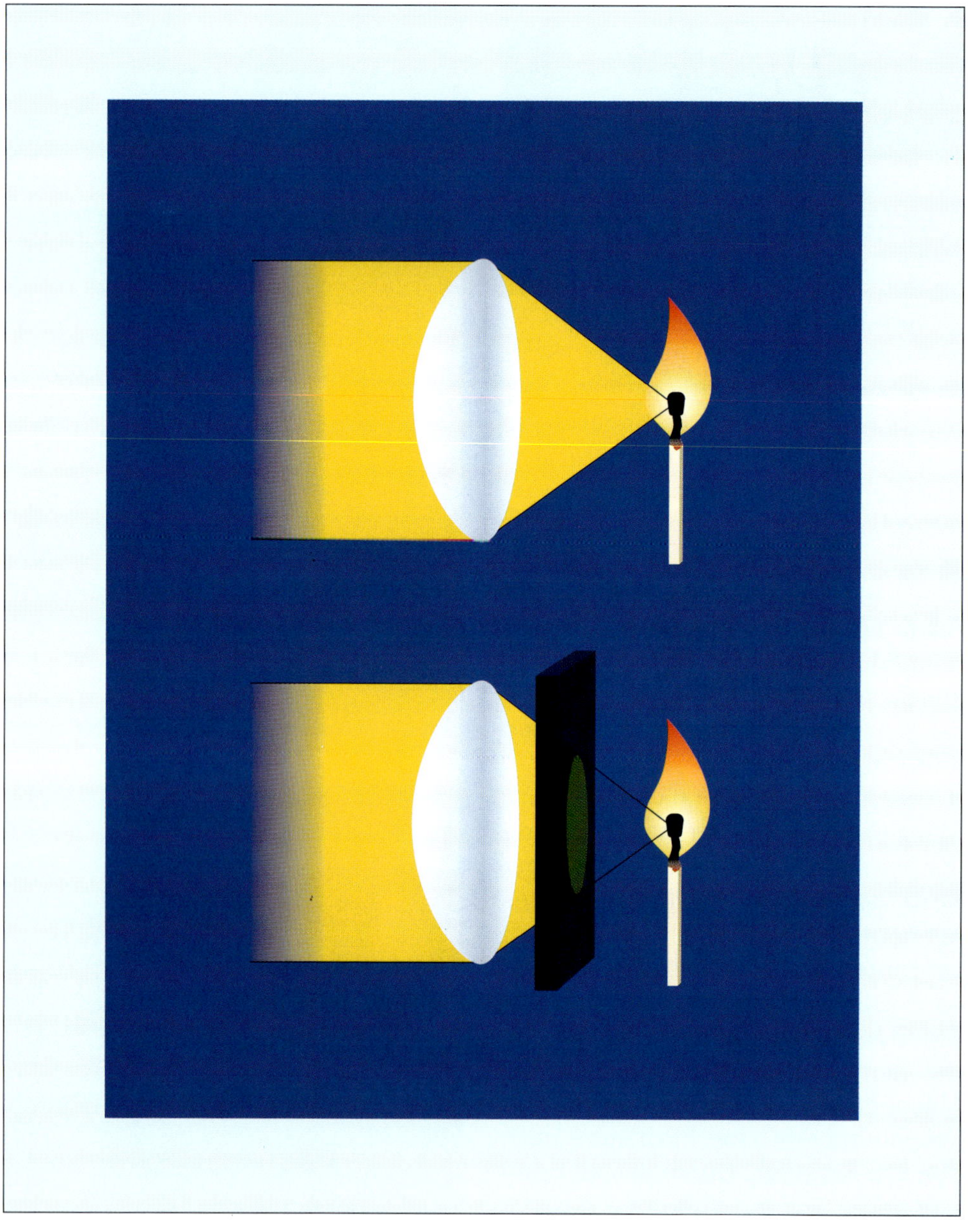

# 49

## Die saure Milch im Kaffee

### Das Kunststück:

Frisch gebrühter Kaffee, etwas Milch und Zucker dazu – was für ein Genuß! Aber manchmal bemerkt man weiße Schlieren im Kaffee, ein Zeichen, daß die Milch sauer war und jetzt der Kaffee verdorben ist. Selbst wenn man die Milch vorher sorgfältig kostet und denkt, die Milch sei in Ordnung, kann sie dennoch diese Flocken bilden und im Kaffee so richtig sauer werden. Besonders ärgerlich ist es, wenn man zuwenig Kaffee für eine zweite Tasse gebrüht hat und nun nochmal von vorne anfangen muß. Nur, warum können wir in manchen Fällen einfach nicht schmecken, daß die Milch sauer ist und sehen das erst im Kaffee?

### Das knoff-hoff:

Jeder Kaffee enthält natürlicherweise etwas Säure. Wenn Milch sauer wird, wandeln Bakterien Milchzucker in Milchsäure um. Die Säure läßt die Eiweißmoleküle verklumpen, die Milch wird dick. Ist die Milch kurz vor dem Sauerwerden, so hat sich ihr Milchsäureanteil erhöht. Die zusätzliche Säure des Kaffees reicht jetzt aus, um das Eiweiß zum Gerinnen zu bringen. Die Flocken im Kaffee sind also verklumpte Eiweißmoleküle, die in der Säure entstehen. Unser Geschmacks-

sinn warnt uns vor dem schon fortgeschrittenen Stadium der Milch leider nicht.

Der Test zeigt, daß tatsächlich die Säure im Kaffee der Auslöser für das Gerinnen des Milcheiweißes ist, nicht etwa die Hitze des Getränks. Beide Flüssigkeiten sind auf 60 Grad erhitzt. Die eine ist Kaffee, die andere nur heißes, braungefärbtes Wasser. Die Milch ist kurz vor dem Umkippen – vor dem Sauerwerden –, was jedoch noch nicht zu schmecken ist. Im Kaffee gerinnt die Milch, in dem gleich heißen gefärbten Wasser nicht.

Säure benutzt man auch, wenn man pochierte Eier herstellt. Dazu wird ein rohes Ei aufgeschlagen und in heißes Wasser gebracht. Träufelt man etwas Essig – also Säure – dazu, so gelingt der Gerinnungsprozeß des Eies sofort und das Eiklar zerläuft nicht im Wasser. Salz hat eine ähnliche Wir-

kung. Auf Eiklar gestreut läßt es diesen Bereich schneller gerinnen als die Umgebung. Die Eiweißmoleküle sind in dem wässrigen Eiklar zusammengerollt. Die elektrischen Ladungen der Salzionen lassen die Moleküle aktiv werden. Sie nähern sich an und verbinden sich zu dem geronnenen weißen Eiweiß. Der Essig hat – wie jede

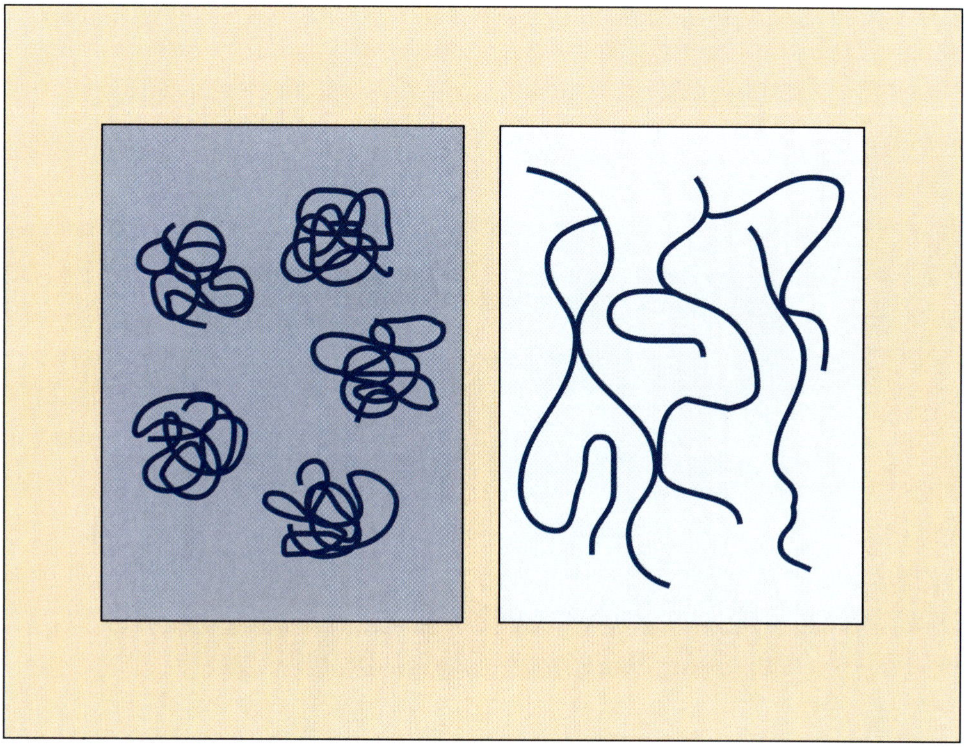

andere Säure auch – eine ähnliche Wirkung. Deshalb könnte man ein Ei auch in Essig regelrecht „kochen“.

## Tricks und Tips:

Auch in anderen Bereichen spielt Säure eine große Rolle. Hortensien z. B. sind normalerweise rosa – aber es gibt auch blaue Hortensien. Der Gärtner erreicht das dadurch, daß er dem Boden Säure und ein Aluminiumsalz zusetzt. Durch die Säure im Boden geht das Aluminium leicht in Lösung. Die Aluminiumionen verbinden sich in der Pflanze mit den roten Farbmolekülen. Der neu entstehende Molekülkomplex reflektiert jetzt das blaue Licht – die Blüte erscheint blau. Pflanzt man die Hortensie in neutralem

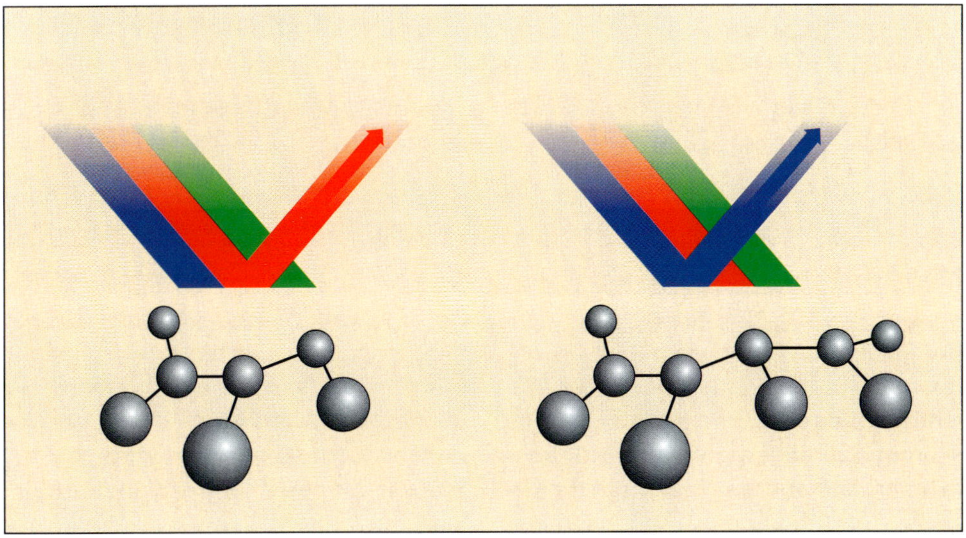

Boden ein, so verliert sie nach 2–3 Jahren diese Farbe wieder. Durch die fehlende Säure stehen jetzt keine Aluminiumionen mehr zur Verfügung. In einem Experiment kann man die Ursache für die Blaufärbung nachweisen. Hält man die blaue Hortensienblüte in Salzsäuredampf, so wird sie wieder rosa, weil durch die Salzsäure der Farbkomplex zerstört wird.
Säuren können aber noch andere Wirkungen zeigen. Wenn eine Wand ge-

mauert wird, so benutzt man zur Verbindung Mörtel. Mörtel enthält eine Kalkform, die zunächst wasserlöslich ist, dann jedoch in eine wasserunlösliche Form übergeht. Diesen Vorgang kann man im Becherglas demonstrieren. Die wasserlösliche Kalkform flockt aus, wenn man in das Kalkwasser hineinbläst, also Kohlendioxid hineinbringt. Dadurch entsteht das wasserunlösliche Kalziumkarbonat, das ja den Mörtel hart werden läßt. Träufelt man Zitronensäure in die Kalklösung, so wird das Wasser wieder klar. Der Vorgang kehrt sich um. Säure zerstört also den Mörtel und damit die Bauwerke.

Genau das ist das Problem des Sauren Regens. Durch die Abgase steigt der Säuregehalt des Regenwassers. Kommt dieses Wasser mit Beton in Kontakt, so löst es mit der Zeit die kalkhaltigen Zuschlagstoffe heraus – der Beton löst sich langsam auf. Wie in einer Tropfsteinhöhle bilden sich in den Kellern der Betongebäude Stalaktiten und Stalagmiten. Beim Heraustropfen aus der Kellerdecke verbindet sich das Kohlendioxid mit dem kalziumhaltigen Wasser wieder zu wasserunlöslichem Karbonat.

Um eine wasserlösliche Kalkform zum Bauen herzustellen, benutzt man allerdings keine Säure. Der in der Natur vorkommende Kalkstein – das Kalzi-

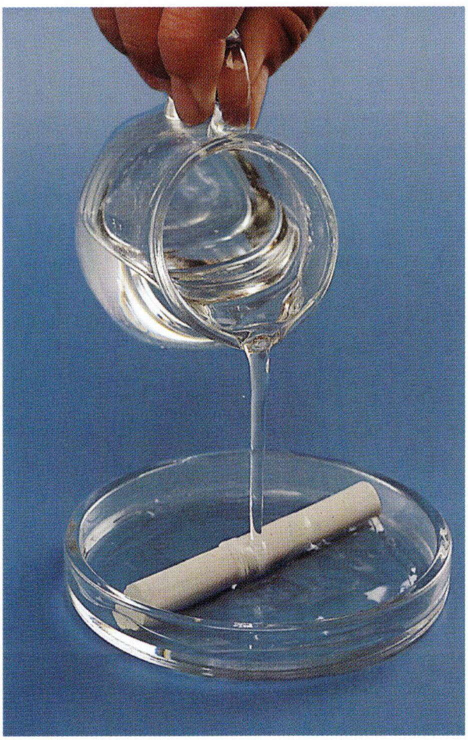

umkarbonat – wird dazu einfach gebrannt. Das Kohlendioxid wird dadurch aus dem Kalk getrieben, übrig bleibt die wasserlösliche Kalkform. Zum Test kann man diesen gebrannten Kalk mit Säure übergießen – da passiert kaum etwas. Macht man das jedoch mit normaler Kreide – in der ja das Kohlendioxid angelagert ist, dann schäumt dieser Kalkstein auf – das Kohlendioxid wird herausgetrieben. Kalkstein findet man auch in den Korallenriffen. Inselbewohner – wie hier in Indonesien – versorgen sich mit Kalk zum Brennen aus diesen Riffen, sehr zum Schaden der Unterwasserwelt.

Dieser Erfinder verzichtet auf jegliches Bindemittel, um seine Steine zusammenzuhalten. Er hat ein System entwickelt, mit dem er genormte, durchlöcherte Steine regelrecht zusammenstecken kann.

# 50

## *Die Knoff-hoff-Palette*

Wenn man ein Loch im Reifen hat, kann man sich mit diesem Pannenroller behelfen. Man fährt auf die rollbare Unterlage, die Auffahrebene schnappt in der Endposition hoch, und man kann in die nächste Werkstatt fahren.

Dieser Erfinder will das Risiko einer Panne mindern. Er baute ein Riesenrad aus lauter Fußbällen. Geht einer kaputt, so gleichen das die anderen Bälle leicht aus.

Diese Metallbänder sind so angeordnet, daß man sie mit einem Griff aus einem Kreis in ein Quadrat springen lassen kann. Die Quadratur des Kreises – auf recht ungewöhnliche Weise!

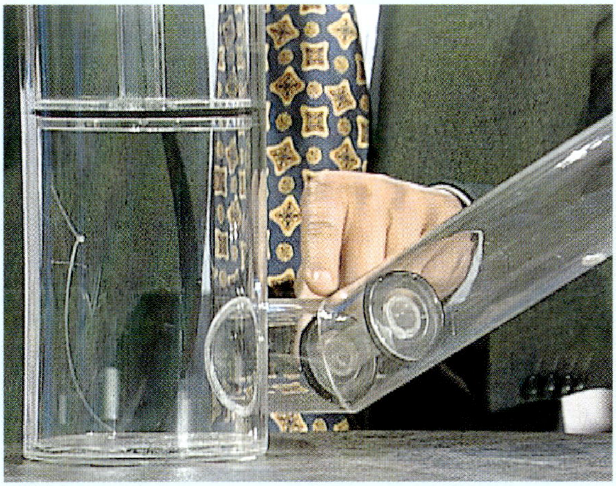

Aus der geschickten Zusammenstellung von Abflußröhren läßt sich eine Luftdruckkanone herstellen. Der Trick dabei ist, daß der Luftdruck nicht direkt auf das wegzuschießende Objekt wirkt, sondern der heruntergedrückte Stempel zunächst einen Schieber bewegt. Der Schieber gibt die übertragene Geschwindigkeit an die „Munition" weiter.

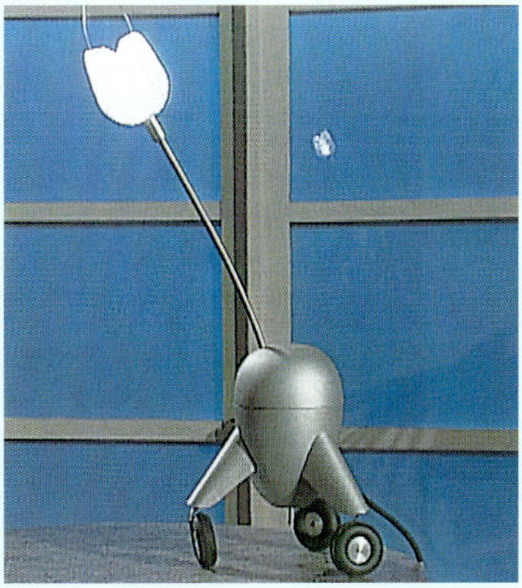

Dieser Lampenstiel ist aus „Metall mit Gedächtnis" gebaut. Schaltet man die Lampe an, so erwärmt sich das Metall und richtet sich aus. Diese „Memory-Metalle" können in zwei unterschiedliche stabile Zustände springen – in Abhängigkeit von der Temperatur. Beim Ausschalten legt sich die Lampe wieder „zur Ruhe", weil sie abkühlt.

Bildnachweis

Die Grafiken auf den folgenden Seiten stammen vom Designstudio Fleischer, München: S. 10, S. 17, S. 20, S. 22, S. 29, S. 32 unten, S. 37 unten, S. 44, S. 49, S. 50, S. 51, S. 54 oben, S.73, S.77 unten, S.78 unten, S.83, S.98 Mitte und unten, S.99, S.111 unten, S.122, S.125, S.129 unten, S.133 unten, S.136 oben, S.139 oben, S.140 oben, S.146 unten, S.152, S.161 oben, S. 182, S. 184 unten, S. 185 unten

Die Fotos auf den folgenden Seiten stammen vom Fotostudio Frese, München: S. 9, S. 12, S. 16, S. 22 oben, S. 23 links und rechts oben, S. 28 unten, S. 30 unten, S. 36 links oben, S. 39 unten, S. 40 oben, S. 41, S. 42 links unten, S. 43, S. 47 rechts oben und rechts unten, S. 48 oben, S. 50, S. 54 unten, S. 56, S. 57 oben, S. 59 unten, S. 60, S. 61, S. 65, S. 66 links oben und unten, S. 70, S. 71 links, S. 72, S. 76, S. 77 Mitte, S. 78 rechts oben, S. 82 unten, S. 85 links, S. 88, S. 89 links, S. 90 rechts oben, S. 91 unten, S. 98 oben, S. 103, S. 104 oben, S. 111 oben, S. 115 unten, S. 116 unten, S. 121 unten, S. 123 oben und Mitte, S. 126 oben, S. 129 oben, S. 133 oben, S. 134, s. 139 unten, S. 144 oben, S. 145 rechts, S. 146 oben, S. 147 oben, S. 154, S. 155 links, S. 156, S. 159 links, S. 171, S. 172, S. 173 Mitte, S. 177 unten, S. 181 Mitte und unten, S. 185 Mitte, S. 186, S. 187 unten

Die Abbildungen auf den folgenden Seiten stammen von den angeführten Bildagenturen, Firmen oder Privatpersonen: S. 36 links und rechts unten H. Ross, S. 37 oben H. Ross, S. 38 H. Ross, S. 51 oben Okapia/ Hans Reinhard, S. 52 unten Sólarfilma/I.C. Wilton, S. 52 oben und Mitte Demants-Kort/ P. Gudmundsson, S. 55 Mitte Okapia, S. 57 unten Phywe Systeme GmbH, S. 58 unten Herbert Stolz/FMG, S. 75 ZORB, S. 89 Motorpresse International, S. 90 links oben Okapia/ H. Smith, S. 93 unten Okapia, S. 100 rechts Liana Marek, S. 101 unten rechts Liana Marek, S. 107 Mitte links Bildarchiv Engelmaier, S. 115 oben Hans Silvester, S. 120 Focus Science Libary, S. 135 Vandystadt Focus Agentur, S. 137 unten Daimler Benz Aerospace, S. 144 unten BILD Hamburg, S. 147 unten Boston Globe/Wendy Maeda, S. 151 Bavaria/M. Morgan, S. 167 DHM Berlin, S. 169 oben NASA, S. 175 links unten Greentec, S. 176 J. Bublath, S. 177 oben Technische Universität München, S. 178 Toni Malmquist, S. 179 A. de Menil

Alle übrigen Abbildungen sind MAZ-Abzüge von der knoff-hoff-Show, ZDF.